What you lose
will come back
in another way.

不凡 / 著

NI SUO SHIQU DE
DOUHUI YI
LINGYIZHONG FANGSHI GUILAI

你所失去的，
都会以
另一种方式归来

民主与建设出版社
·北京·

© 民主与建设出版社，2024

图书在版编目(CIP)数据

你所失去的，都会以另一种方式归来 / 不凡著. -- 北京：民主与建设出版社，2016.8（2024.6 重印）

ISBN 978-7-5139-1233-4

Ⅰ. ①你… Ⅱ. ①不… Ⅲ. ①成功心理－青年读物 Ⅳ. ①B848.4-49

中国版本图书馆CIP数据核字(2016)第180103号

你所失去的，都会以另一种方式归来
NI SUOSHIQU DE , DOU HUIYI LINGYIZHONG XINGSHI GUILAI

著　　者	不　凡
责任编辑	刘树民
装帧设计	李俏丹
出版发行	民主与建设出版社有限责任公司
电　　话	（010）59417747　59419778
社　　址	北京市海淀区西三环中路10号望海楼E座7层
邮　　编	100142
印　　刷	永清县晔盛亚胶印有限公司
版　　次	2017 年 1 月第 1 版
印　　次	2024 年 6 月第 2 次印刷
开　　本	880mm×1230mm　　1/32
印　　张	8.5
字　　数	180千字
书　　号	ISBN 978-7-5139-1233-4
定　　价	58.00 元

注：如有印、装质量问题，请与出版社联系。

目录 CONTENTS

就算失去，也没什么了不起

目录 CONTENTS

人生，并不是无法改变的

目录 CONTENTS

用一生来仰望阳光

目录 CONTENTS

世界那么大，别挤

目录 CONTENTS

没有到不了的明天

目录 CONTENTS

你的坚持，上帝会知道

我不相信一场考试会决定人的一生，从来都不信。

就算失去，也没什么了不起

世界变化这么快，

知识更新这么猛，

不及时清空自己，

怎么练更新、更好的武功?.

就算失去，也没什么了不起

我第二次参加高考后，还是落榜了。

在高考之前，"落榜"是一个太可怕的词，连提到它我都会发抖。就像我现在觉得，要是平时最喜欢的米线馆子突然关门，那真是太可怕了，想想都觉得恐惧。

不过，当事情发生之后，并没有我事先以为的那么可怕。

当时我住在外地的妹妹家。她看我可怜巴巴的模样，就给我弹琴，还跑出去给我买了一件 T 恤。以至于后来很多年，我每看到别人伤心难过时，就有想给他买一件 T 恤的冲动。然而一切都还好，我躺着酝酿了整整两天的感情，也没有流出眼泪。我又像野狗一样窜到网吧去打游戏，并宽慰自己：至少我是网吧里学习成绩最好的人。

当时，有点伤心，但未如刀割；有点悲痛，但没有欲绝。我不相信一场考试会决定人的一生，从来都不信。我喜欢读历史，从来就没有一个人的人生在 16 岁时就注定了。

都什么年代了，如果一张卷子、一场考试就可以决定人的一辈子，那么只能说明这个社会出了问题。既然是社会出了问题，那我还痛苦什么呢？

多年之后，每当有人问我："2000 年对你影响最大的事是什么？"我绝对不会说高考，而一定会坚决地说："欧洲杯。"

当然，如果说高考的失利对我没有一点影响，那也是吹牛。

当时在同龄人眼里，"学渣"的代表是韩寒，我曾经打心眼里鄙视他：你编的那些段子，我也能编得出，可是你的考试分数能有我高吗？同时，我又深深鄙视那些成绩好、被老师喜爱的"学霸"：你们考的分数，我也考得出，可是你们有我会编段子吗？不屑和"学渣"为伍，又不屑和"学霸"为伍，最后的结果是：我既没有当成编段子的"学渣"，也没有修成超级"学霸"，最后沦为一个两头不靠、不伦不类的家伙，直到今天。

贫嘴完毕，回归正题：高考之后，无论成败，下一步怎么办？

我建议大家练好两门神功，第一门功夫叫"赶快忘记"——我们花了十几年时间辛辛苦苦学会的一些东西，必须再花十几年忘记它。

别误会，我并不担心你无法忘记三角函数、数列和圆锥曲线。如果你不使用它们，它们离开你记忆的速度会比兔子还快。你要忘记的，是十几年里拼命学会的条条框框、过时的知识、陈旧的观念。

读过《倚天屠龙记》吗？记得张三丰是怎么教张无忌学太极剑的吗？

"张三丰道：'都记得了没有？'张无忌道：'已忘记了一小半。'……过了一会儿，张三丰问道：'现下怎样了？'张无忌道：'已忘记了一大半。'……张三丰道：'不坏，不坏！忘得真快！'"

为了高考，我曾认真学了很多东西。由于当初记得实在太牢，以至于后来无论如何拼命忘记，仍然有一些至今都忘不掉，哪怕说梦话、喝酒过头，甚至坐在马桶上都能脱口而出。

这就是为什么武林高手授人绝技时，常常直接先化掉你的本门武功——《天龙八部》里，无崖子在传授虚竹神功之前，不就先化掉了他的全部内力嘛。对此我充分理解：一个被填满了垃圾的箱子有什么用处？

世界变化这么快，知识更新这么猛，不及时清空自己，怎么练更新、更好的武功？

第二门功夫叫"返老还童"。这门武功传自天山童姥，90多岁还可以变成小姑娘。

我新书的后记，叫《小时候的梦想，都是有用的》，这是有感而发。试想一下，在过去的中学里，有比读金庸的小说更无聊、更不上进、更没用的事吗？然而很多年后我发现，连读武侠小说都是有用的。

我们不妨问问自己："小时候的梦想还在吗？你把它藏到哪个犄角旮旯里去了？少年时无心播下的种子，如今悄悄发芽了吗？"

是的，这两门神功不好练，我知道你们的压力。

我知道会有许多"老帮菜"严厉地告诉你："高考是多么多么重要，考不上你就完蛋了。"

他们会郑重地说："人生就是闯关打怪，华山一条道——没过某一关，你这辈子就完蛋了；没获得某个身份，你这辈子就完蛋了；没取得某个资格，你这辈子就完蛋了；没进某个单位，你这辈子就完蛋了……总之，你这辈子很容易就完蛋了。"

他们也许有他们的道理。然而，时代不一样，人完蛋的风险系数是不一样的。在有些年代，每个人只有一次机会，那就是投胎，投错了你就完蛋了；在有些年代，人有3次机会，投胎、高考和结婚，办砸了你就完蛋了。

我相信我们的时代多少要更好一点点，一个人绝不会那么容易完蛋，至少有多一点机会。有什么可怕呢？高考考不上，无非像我一样。我完蛋了吗？

最后，推荐一首诗，这是唐朝一个叫王绩的人写的。

当别人嫌弃你不会读死书、威胁高考挂了就会完蛋时，你就把这首诗发给他看，告诉他你有多么超凡脱俗。

赠程处士

王 绩

百年长扰扰，万事悉悠悠。

日光随意落，河水任情流。

礼乐囚姬旦，诗书缚孔丘。

不如高枕枕，时取醉消愁。

你的弱点，也能成就辉煌的你

我的两个表姐，是双胞胎，都长得花一样漂亮，又聪明巧嘴，从小就特打眼，姨妈领着出去，简直人见人爱。唯一美中不足的是，二姐的左臂在出生时被护士拽伤了，后来一直抬不起来。虽然这点毛病外人轻易看不出来，但在姨妈和二姐心里，都是大大的阴影。后来两个姐姐上了初中，情窦初开的年纪，两个扎眼的小美女身后，都有一群毛头小子在追。

大姐很早就开始偷偷谈恋爱，二姐却因为手臂的毛病，内心自卑，不敢谈。大姐平时跑跑颠颠出去玩，二姐也不去，就闷在家里安静学习。这样到了初三，二姐的成绩就比大姐好了很多。正巧那年有文工团去学校选舞蹈演员，自幼就喜欢唱唱跳跳的大姐当即被选中了。而二姐因为身体缺陷，当然是想都不敢想。

二姐后来说，看着大姐开开心心地去做自己喜欢的事，花枝招展地四处演出，那么小就像大人一样赚钱，她真是打心眼里羡慕。但是想到自己不争气的左臂，她就特别绝望，特别恨老天不公平。

那时候没人会想到，二十年后，二姐会庆幸老天给了她一个不完美的身体。

现在，大姐因为年龄大了，早已不再演出，在文工团里做行政工作，拿着微薄的工资，独自带着9岁的女儿生活：她因为过早进入社会，很小就跟团里的男演员结了婚，生了女儿后，很快又离了婚，后来再嫁，还是不如意，再次离了。

而在大姐恋爱结婚又离婚的这些年里，二姐却埋头苦学，考入名校，毕业后去了香港，在一家银行从文员一直做到副总，事业风生水起，人也活得光鲜亮丽。她也是单身，但不论心态还是生活水准，都跟大姐有了天壤之别。现在的两姐妹站在一起，真的就像两姐妹了——不像双胞胎哦，因为姐姐比妹妹显老很多。

大姐有次开玩笑说，当年接生那个护士真偏心啊，怎么没把我的胳膊也拽断呢。事情就这么吊诡。二姐的劣势成就了她，让她站在了生活的更高处；而大姐的优势将她引入偏路，让她的人生由捷径走向平庸。

这么看的话，我们真不应该太记恨自己的缺点。正是那些不完美，让我们知道自己想要的幸福不是那么容易得到，所以不得不踏下心来，老老实实地努力，不浮躁，不偷懒，不投机。因为无机可投。而优点却常常带来诱惑，偏偏大多数人，对诱惑又没有抵抗力和辨别力。

相反，那些不完美的人，面临的诱惑就少多了。因为不美不聪慧甚至不健康，你就没那么多机会，你必须逼迫自己做那些优秀的人不想做的事，吃他们不愿吃的苦，从而激发出自身仅有的潜质，获取自己想要的成功。而那些内在的、深层的、被逼出来的特质，往往蕴含着巨大的能量，能帮助你取得那些看似优秀的人所无法取得的成功。

所谓逆境出人才，你自身的缺点，给你带来了天然的逆境，它固然让你活得不那么如意，但是它也可能成就你。因为正是这些弱点，让你远离诱惑，让你破釜沉舟，让你咬牙坚持走到高处，看到更迷人的风景。

年轻人，怎么能选择安逸

有个做猎头的朋友给我说了件事：

她有一个远房表哥，大学毕业就在一家发展势头很好的国企做行政工作，做到中层时，这家国企居然裁员了，而表哥身为部门的骨干，第一批就被裁掉了。裁员也就罢了，可这一时期正好赶上他的女儿幼升小、家里老人生病，老婆又长期在家没工作，原本和乐安稳的小日子瞬间坍塌。表哥向她求助，先做简历，再聊聊可能的就业机会和职业规划。

朋友对我说，这件事既在情理之外，又在预料之中。这并不是那家国企近年来的第一次裁员，随着市场情况的变化，裁员的计划在几年前就开始实施了，只不过那时只是裁掉了外围的员工，中层裁员的说法尽管一直都有，谁也没当真。

从朋友的专业角度来看，她表哥被裁掉是再正常不过的思路：表哥的工作技能门槛很低，并非不可替代，又因为他是中层，工资福利一直比较高，所以拿掉他换成一个成本低很多的员工，是件挺划算的事。

唏嘘之后，我俩又讨论说，这事是坏事，也是好事。好就好在，尽管她表哥从未换过工作，但他正处于年富力强的时期，这个年龄转型还来得及。表哥这两年为了职称和内部升迁的需要，英语一直没落下，还考了个PMP（项目管理专业人士资格认证）证和兼职MBA（工商管理硕士），只要他能摆正心态，重回劳务市场参与竞争，并不会有太大问题，只不过不可能再像以前那样舒服了而已。

表哥自己也慢慢想开了，庆幸这事发生在他三十多岁的时候，要是四五十岁时才碰上这种事，他会更加进退两难。

在我们的社会，除了好工作、次一点的工作之外，还有一种叫作"稳定"的工作。你说它好吧，其实也没啥意思；你说它不好吧，它却很稳定。

年轻人往往对稳定的工作举棋不定，而父母长辈都很喜欢稳定。

我一位师弟的前女友分手的理由竟然是，她的父母认为他在私人律师事务所当律师"不够稳定"，希望他能进法院工作，并表示他们可以托关系想办法。这其中的逻辑让师弟很郁闷：在私人律师事务所凭实力挣钱被视为"不优秀"，非要托关系拿铁饭碗才值得托付？

这种情况并非个例，前一阵还有新闻报道，中石油对应届生裁员，一名刚入职就被裁的毕业生的女友提出分手，理由是"他不再有稳定的工作"了。

这些真实鲜活的例子背后，是无数中国父母热衷追求的职业目标——稳定。如果你是一个女生，从别人嘴里听到这个词的概率会更高。

不幸的是，无论是"稳定"的工作还是"安全"的饭碗，都是存在于大家头脑中美好的愿景而已。世界上没有一份绝对安全、绝对稳定的工作，这是我从小就学到的道理。

我自己的家人及父母的朋友就经历过国企转型和部委改革的阵痛。几十年的铁饭碗一夜之间被打破，我亲眼看到许多兢兢业业工作的叔叔阿姨抑制不住地哭了，因为比没有工作更可怕的就是失去一份工作。

人们追求"安全感"的原因是规避风险，害怕损失，可实际上，往往越担心损失，损失就越多。

首先，行业的趋势是在不断变化的，今天的低风险行业，到了明天就可能变成高风险行业。比如随着人们对新能源的重视以及新能源利用技术的开发，原本吃香的石油行业可能会衰落；再比如在限制了房地产的发展后，原本兴隆蓬勃的钢铁行业也会相应地萎缩。这些行业的变迁，都是我们很难提前预测的。

其次，低能力风险，一个人真正的进步和成长，是需要挑战自己的舒适区的。许多人选择安全行业的原因，恰恰是因为那里人浮于事，待着会比较"舒服"。舒服着、舒服着，就丧失了斗志，也丧失了快速反应的学习能力，这种能力的丧失，造就了在就业市场上迁移能力的薄弱。

最后，是高退出成本。一个小公司的程序员在劳务市场上很容易再找到新工作，巨型企业的员工却很难再就业。因为巨型企业的职务都是非常细分、非常特定的，许多员工的工作都是为了适应独特的企业文化或流程而定制的，辞职后找工作并不容易，改行更是难上加难。

所谓的风险，就是那些无法控制、可能会发生的危机。一个人的职业风险，很难依靠理性地选择行业和企业来规避，因为你永远无法预测未来，也不可能揣度国家的经济走势和政策导向。

政府可以改革，国企需要转型，大外企会被并购，小企业可能迁移……如果你以为某个职业、某个工作有多么多么稳定，只能说你的见识和经历都太少了。

真正的危险就是把希望寄托在别人身上，自己却丧失了前进的能力。问题的核心在于，依靠别人的变数比依靠自己的变数要大得多：依靠家庭的，可能会因为家庭变故而重新背负重担；依靠单位的，可能会因为社会的变动而遭遇洗牌。

到那时候你才会明白：这个世界上只有一种安全，那就是你的技能和在任何环境下迅速适应崛起的能力。只有具备了这种能力，才有可能拥有真正的安全。

　　你可以出于爱好去做一份工作，也可以出于野心去做一份工作，或只为实现自己的事业只做一件事情，但绝对不要因为好吃懒做而去做一份看上去简单而容易的工作。如果你是一个女生，而你的家人希望你找一份"稳定"的工作，那么你至少要保证这份工作是你喜欢且愿意为之学些东西的，这样在稳定之余，你至少不会废掉，还能因为内心的喜爱而专注地研究和学习。

　　如果你还年轻，那就不要在最有能力奋斗的阶段选择安逸，否则你就会把白己置于不可知的未来洪流当中。

现在不付出，将来怎么会有回报

　　读高二那年，因为家庭的原因，我产生了高中毕业后去沿海城市进厂打工的想法。那时候的我，经常在深夜里哭泣，没人听我的苦恼迷茫，我的孤单伤心只能噎着藏着。由于当时我的学习成绩很差，很多亲戚都认为我根本考不上大学，她们说读大学的花费很贵，我妈妈帮我养这么大很不容易了，不如早点出来打工挣钱。所以，那时候我便产生了高考完后和隔壁的邻居去打工，并逆来顺受的接受这世上的平凡与糟糕。但这一切，还是有了回旋的余地。

　　当时，我把打工的想法和一个从小长大的女生说了后，她略有些气愤的说："如果你出去打工我就真的看不起你。小的时候我们一起看书，而且你又那么地喜欢阅读，为何不朝着写作发展呢？但首先是，必须努力的把高考这道坎跨过了，再谈其他。"因为小伙伴的这番暖心话语，我开始疯狂背书，当时只是一心想着，不管高考成绩如何，丑媳妇总要见公婆面，倒不如在高考前认真的背书学习，拼了这一回，说不定还能产生奇迹。果然，我的付出还是得到了收获。

　　大学毕业后，当我再次遇见当时鼓励我的那个小伙伴时，她语重心长的对我说了这么一句话："因为老一辈过的是苦日子，到了我们这一辈，必须努力的为下一辈创造好的生活。"她说完这句话时，我差点泪流满面。但我没有哭出来，而是把这句话牢记于心，鞭策自己。因为我想着，作为一个男人，就有义务让自己心爱的人过好生活。

　　是的，因为受苦过，因为痛哭过，因为没有优越的条件，所以我更加知道平凡家庭的孩子必须努力奋斗的意义。所以，此刻的你必须知道这一点，你若因为害怕没有收获而不付出，那么你就不会得到。

　　你一定要记住，别人的嘲讽、挖苦、打击，都是鼓励你不断前进的掌声。你必须得拥有雄鹰自由翱翔于蓝天的心。雄鹰为了生存，与对手竞争是必要的，乘风破浪也是必要的。但如果它不去面对风风雨雨不去尝试努力飞翔，那么它肯定无法生存于这个弱肉强食的世界。所以，追梦路途中，即使是失败了，也别忘记雄鹰飞翔的姿势。

　　追逐理想就像走路，你不走这条路，只是远远的观望，你永远看不见前方另一片天地。出发才有希望，付出会有收获。如果你因为路途遥远而不敢出发，如果你因为看不见未来而不愿意去努力，那么你又何必拥有得起梦想。不要总说你有很多梦想，你首先需要努力的是，眼前的这条路该如何出发，怎么走好，如何避让路上的障碍。

前段时间，和一个读高三的朋友在一起吃饭，他在本市的一所重点高中读书。席间聊天的时候，我问他，为什么你寒假的时候每天都出来玩，在网吧打游戏，玩街机游戏，酒吧喝酒，K歌，但你学习还那么好？他摸摸脑袋，笑眯眯的说："我做事情很果断，今日事今日毕。而且，我在晚上拼命学习的时候不会告诉任何人。我表面装着无所谓，但私底下比谁都刻苦努力，因为我要为当飞行员的梦想而努力。而且，我相信人生只有今天，我从不去谈什么扯淡的昨天和明天。"

是的，其实你只能在今天为梦想而努力。明天是希望，是盼头，能让你朝着有光源的地方努力奔跑。但你能拥有与把握的，仅仅只是今天。也许人生路上并不会永远的十全十美，永远的灿烂辉煌，所以，你今天要做的就是，在失败之前，能有多努力，就多努力，而不是总拿明天努力学习来当借口。另外，你在付出的过程中，不要总心系着我要收获怎样的回报，我得到的回报价值有多大。凡是付出，皆有收获。但如果你老是计算着收获与回报，老是牵挂着多久得到回报，那么这样反而会让你迷失自我，甚至很难得到好的回报。要记得，不忘初心。

我们都有梦想，梦想的力量也很伟大。但如果我们只是每天做梦式的幻想，我以后要如何如何的飞黄腾达，而不抓紧在今天看书学习，那么，这也只是空想，只是美梦，不会成真。因为你今天没有为之努力。就比如说，你有种子，但你不去开垦施肥，不去辛勤的浇灌，你永远都不会得到收获。社会很现实，没有整天空想着喊努力口号的人获得成功，除非你是白富美，高富帅，否则别老是在梦中幻想。一分耕耘一分收获，你只有在今天抓紧时间去做自己想做的事情，才能得到回报。

常常，我们小心翼翼守护的理想被世俗轻蔑，被所谓的"准则"束缚。那么，既然不愿意循规蹈矩的生活，那就在今天拼搏吧，努力的奋斗吧。你只有努力的去学习，你才能对循规蹈矩的生活说不，你才有过自己喜欢的生活资本，你才敢大胆的追梦。如果现在的你正埋头苦干于各种题海中，别抱怨，熬过来就是繁华。你现在不努力，等着将来看着别人功成名就的时候后悔吗？

我们每个人都想过自己理想中的生活，但是，在你打算过自己的喜欢生活方式之前，必须很努力很努力，这是你的资本。你不要每天像喊口号那样，我明天一定要看书，我明天一定要开始学习诸如此类貌似自我安慰的话语。实际上，你都放眼于明天了，那么今天，是不是总想着，反正明天要认真学习了，今天疯狂的玩一回。

其实，最好的时光，是今天。你只有把握好了今天，你明天才会继续用功。若是你今天只知道喊口号，或许明天仍然喊口号，后天也是，你循环往复的喊口号，然后说，怕什么，反正来日方长。但是你想想啊，当你只知道喊口号的时候，有多少人把你当成娱乐的今天拿来奋不顾身的拼命努力。

或许，你会去嘲笑没有梦想的人，但是，如果你有梦想但只是空想，而不为之拼搏奋斗，这样，更可悲。这世上，了不起的不是梦想有多么伟大，而是懂得在追逐梦想的过程中学会珍惜，懂得谦卑，懂得感恩，懂得咬紧牙关熬过命运给予的苦痛。

你现在活的年纪那么美好，你的青春那么盛大，为什么不为了理想而努力学习，而是选择沉迷网络游戏或者荒废度日呢？你今天的努力，是为以后与心爱的人来一场不在乎目的地的旅行；为以后爸妈老了，腿脚不方便时，你开着车送他们上街，看看这个城市的发展；为将来同学聚会时，把读书时错过的一场恋情，又追回来，温柔的说，我们重新开始好吗？因为这时候，你有了谈得起恋爱给得起未来的资本了。

很多时候，我们只谈成功，对失败避而不谈，甚至谁提起了失败的疼痛，还会大发雷霆。但是，在人的一生中，失败其实并没有多大的关系，更不要悲痛到一蹶不振。如果你害怕成为明天的失败者，那么在今天，你能有多努力，就多努力。像一颗种子，不会因为狂风暴雨而影响它钻出地面顽强生长。

　　你今天只有两种选择，要么拼命奋斗，要么继续玩你的游戏看你的韩剧，到了明天，羡慕嫉妒恨别人取得的成绩。你现在年轻，可以抱怨，可以挣扎，可以哭泣，但你唯独不可以的，是因为害怕做一件事情没有获得成功而失败。你既然都选择了出发，又何必在乎是水泥路还是高速路，何必担忧明天是天晴还是下雨。你只要出发，总会到达目的地。

　　有人说，拼命努力后万一失败怎么办，就连种庄稼也会遭遇旱涝虫蝗灾害。但我说，你今天不努力，便失去了一天宝贵的时间。你若一直不努力，总等着机遇，或者活在偶像剧里，等着白马王子或白雪公主的出现，那么，只能说你在逃避人生。你只有在今天付出了，你明天才能得到回报。也许会有打击，甚至是跌落深谷。但生命中的每一次疼痛都是经验，这些经验累积后变成了长梯，会帮你攀上成功的高峰。

　　记住，十七八岁的时光是你生命力最旺盛的年纪。在今天，在当下，在此刻，奋不顾身的为了梦想去努力吧。至少在失败之前，你能勇往直前，就不要选择畏首畏尾。我想告诉你的是，你拥有的只是今天，现在，此刻。所以，你必须用一种豁出去的状态在今天拼命努力学习。因为是平凡人，所以在今天，在失败前，你必须得努力奔跑。

曾经的懒惰，都会变成现在的巴掌

[1]

小学的时候练书法，周末要背着墨水瓶去老师家，瓶子没拧紧，墨水把包里的文具都染脏了，生闷气，觉得书法太讨厌，难学又惹祸，学了几天再不愿意去。

后来念高中，语文作文总拿不到理想的分数，硬着头皮问老师原因，他说"文笔不错，可惜字丑了些。"

学校组织作文比赛的时候，老师甚至主动建议我，"写完找个字好看的同学帮你抄一遍，否则得奖的可能性很小。"

大二的时候考驾照，带我的教练脾气很不好，我被骂哭两次，羞辱智商 N 次，跟自己赌气，说过阵子再学，后来干脆就没再去驾校，如今即将毕业的我，依然没有驾照。

过年回家，我所在的小城市的出租车，春节是不开计价器的，10 块钱的路程，能漫天要价地说 30，不坐拉倒。

家人在忙，家中有闲置的车，可是我不会开啊，我只能去拦出租车，送上门给他们宰客。

还有半途而废的游泳，三天打鱼两天晒网的美术，明天再背吧的单词……它们都在后来某个猝不及防的瞬间，跳出来为难我。

因果报应真的是恒久存在的真理，所有偷过的懒，都会变成打脸的巴掌。

[2]

新家装修的时候，有一部分家具是手工现做的，木工师傅在我家工作的时候，大门敞开着通风，一位来邻居家走亲戚的老伯，特意进来旁观。

老伯说，自己现在还在遗憾，当年没有好好学做木匠。

他年轻的时候跟着老师傅一起学木匠，觉得太精细太麻烦，还被割伤过手，于是就不愿意学了，想做一些轻松简单的活儿，然后跟着亲戚一起去沿海打工。

没有一技之长的他，去过搬砖的工地，去过流水线的工厂，最后忙忙碌碌十几年，依然没在大城市安下家，只好回家乡做点小买卖。

曾经跟自己一起学木匠的伙伴，如今一个个成了当地令人尊敬的手艺人，甚至开起了自己的家具制造厂，而他，只能站在陌生人的门边，欣赏别人"展示"着他曾放弃的技术。

[3]

记得蔡康永写过：15岁觉得游泳难，放弃游泳，到18岁遇到一个你喜欢的人约你去游泳，你只好说"我不会耶"。18岁觉得英文难，放弃英文，28岁出现一个很棒但要会英文的工作，你只好说"我不会耶"。

人生前期越嫌麻烦，越懒得学，后来就越可能错过让你动心的人和事，错过新风景。真的是这样。

减肥的时候偷懒，夏天满大街瘦长腿的时候，你只能对着自己的肥肉生闷气。

上学的时候偷懒，同学们一个个念名校入名企的时候，你又只能在深更半夜里抱怨怀才不遇。

所有偷过的懒，都会变成打脸的巴掌。

我不知道怎样去劝服一个懒人改过自新。我只知道：

打脸会疼，脸肿了会丑。

下一站风景更好

　　那年我乘火车出差到远方。乘车久了大家就交谈起来。我对座是一个年轻人，他很少说话，一直凝视窗外。窗外的景色稍纵即逝，一会是绿油油的原野，一会是繁华城市的一角。

　　看着他入神的样子，我忍不住去问："沿途这么多风景，你认为哪里最美？"他颔首，沉吟片刻，肯定地回答："下一站风景最美。"我很惊诧他的答案。

　　渐渐他收回目光，和我攀谈起来。他说他其实挺倒霉的。高中升大学，他本来已经确定下来被保送到一所很好的高校，可是公布名单时却换成了别人的名字。那时离高考只有一个月的时间，他忽然感到很愤懑，在家闹起情绪来，双拳撞墙，直撞得骨节都肿了。妈妈在一旁落泪，低语相劝高考拼一下。高考成绩出来后，他的成绩只够专科。他躲在家里不肯见人，情绪暴躁。

　　在外地工作的父亲特意回来。父亲没有多说什么，只是带他坐上了火车，坐了许久，父子都不语。最后他问要去那里，父亲意味深长地看着他说：下一站。下一站是哪一站呀，他好奇地问。父亲拍了拍他的肩，语重心长地说下一站是最好的一站。如果你不满意，我们就一直坐下去。火车会不停地奔跑，永远有下一站。

他怔住了，看着窗外旺盛的夏天的景象，眼眶濡湿了。

回去以后，他全部精力投入学习，以备来年再战。果然功夫不负有心人。次年他以优异成绩考上理想院校。

毕业了，他回到家乡城市报考公务员，虽然成绩名列前茅，但竟因身体等方面不合格，没有录取。他的低落仿佛又回到了保送那年。

父亲来到他身边，问要不要去坐火车呀。他笑了，心领神会地说不用了。第二天他收拾好东西，到南方闯荡。终于闯出一片天地。

说着他嘴角流露出一丝自豪。

那你现在坐火车去哪里。又遇到烦心事了？我问。

他的眼里掠过几分忧郁。是呀，我的设计方案存在电脑里。那天好朋友去我那儿，我为他准备饭菜。唉，他叹了口气，结果几天后我的成果都成他的了。那是很重要的设计，竞聘一个高管。他苦笑。

我很理解他的心情，没有关系，你的下一个设计会更好。

他眼睛更加明亮起来，会意地笑着，是呀，下一站永远是最美的。

　　的确，沿途美景，没有哪一个是最美。人生所经之事，没有哪一件是最好。只要勇敢走下去，最美的最好的，一直在前方等着你。

人生路上停下来

　　有一个身家千万的老板，经营一家公司二十余年，每天从早忙到晚，即使下班了也要参加各种应酬，很晚才回家，即使节假日也从来没休息过，像一个上满了发条的闹钟一样，一刻不停地转动着。超负荷的工作，终于使他心力交瘁，他病倒了，到医院里检查，医生怀疑他患的是绝症，便留他住院检查，这样一来，他感觉害怕了，他开始不断地回忆从前的日子，发现二十多年来，他只是为了钱而拼命工作，竟然没有让生命停下来好好欣赏一下美丽的风景，也没有好好陪伴家人……于是他说，如果我得的不是绝症，我以后一定要好好享受生命，拿出大块时间来去各地看风景，陪陪家里人！几天以后，检查结果出来了，他得的是一种瘤，好在是良性的，做过手术就会没事。他非常高兴，手术成功后，他聘用了一个亲属做公司的总经理，自己只当董事长，把公司具体经营业务交给了总经理，自己带着家人四处旅游，欣赏大好河山，他的生命也因此回归了本真的充实。

大二那年，我们全班同学去爬山，到达山脚以后，同学们都急着快点登上山顶，便争先恐后地往山上爬，等我们到达山顶以后，大家放眼望向远方，蓝天白云如画一般，我们都很激动，这时，我们发现同班的一个男生没有上来，于是就一起喊他，过了一会儿，他才慢慢地到了山顶，我们问他为什么上来这么晚，他说他一边走一边欣赏沿途的风景，看到好风景就停下来欣赏并拍照，所以上来得就晚了。几天以后，他把所拍的照片冲洗出来，我们惊讶上山的路上竟然有那么多好的景致，可我们却只顾着向山顶爬，而错过了那些好景致。而那个男同学却懂得慢慢地走慢慢欣赏的道理。

　　李渔是清朝的戏曲理论家，老家是浙江兰溪的，有一年，他在老家建了一座亭子，亭子很普通，是随处可见的那种亭子，但他却给亭子取了个很另类的名字，叫"且停亭"，什么意思呢？李渔是想告诉走累了的人，不要只顾着急急赶路，如果累了，就停下脚步，且到亭子里休息一会儿，给自己的心灵放放假。他还给亭子写了一副对联，上联是："名乎利乎道路奔波休碌碌，"下联是："来者往者溪山清静且停亭。"

　　人生其实恰如一趟旅程，我们路过的每一个驿站，都是一处风景。匆匆而过难免会留下遗憾，当我们走得急了，累了，如果能停下来欣赏一下风景，就会愉悦我们的身心，使我们拥有一段充实的人生旅程。别为赶路而错过了风景，当我们终日为事业而苦苦打拼，忘了享受生命的乐趣时，别忘了提醒自己：且停下来，欣赏啊！

孟买理工学院的几名新生接受了导师的建议，准备开始一项新课题，为这所名校编撰校友志。凭着校友会提供的一份名单，课题小组负责人费罗兹和伙伴们顺利找到了二十年来大部分工学士奖学金获得者。这些在大学时期就拥有良好表现的人，此刻大都活跃在班加罗尔高新科技园区或者外资银行高级办公室之类的地方。

当然，还是有人例外的。尽管事先已经有了一定的心理准备，当费罗兹和同学们来到比哈尔邦一个普通村落时，还是不敢相信眼前的中年男子就是他们要找的维卡什。除了鼻梁上的塑料眼睛外，昔日化学工程高材生赤着双脚站在田地里，身上的粗麻衣服让他看起来同当地农民没有什么两样。

维卡什热情地邀请年轻的校友去自己创立的学校参观。费罗兹悄声劝阻了几位打算返程的同学，接受了邀请，因为他很好奇这位在新德里长大的富家子弟怎么会选择这种生活。前往山坡上校舍的路上，过路的每一个村民都停下步子向维卡什躬身行礼。看得出来，维卡什很受当地人尊敬。

指着简陋整洁的校舍，维卡什骄傲地向几个年轻人介绍自己和村民们半年多的劳动成果。明亮宽阔的教室里，一个年轻的女教师正带着大大小小的几十个孩子高声朗读着泰戈尔的诗歌。望着孩子们桌上的手抄课本，刚刚从大都市出来的几名大学生都是鼻头一酸，差点掉下泪来。

在参观完维卡什帮助村民修建的梯田和节水渠后，一行人来到维卡什位于校舍后面的家中，维卡什的妻子拿出家中最丰盛的菜肴来招待远道来的客人。不过，费罗兹和伙伴们并不太适应这里的膳食，毕竟马铃薯可不是什么美味。

一个和费罗兹有着同样想法的大学生犹豫了半天，问道："维卡什先生，你怎么可以受得了这样的生活？我们在校友会的档案室看到过您当年的成绩表，以你的才华更适合待在麻省理工的材料研究室里，而不是在偏远的巴拉巴尔山区小学担任校长。"

维卡什的妻子——也就是刚刚带着孩子们朗诵诗歌的那位女教师，似乎因为这样的话题而感到紧张。"不要担心，亲爱的。"维卡什轻轻地拍了拍妻子的手然后将起了自己的故事。

十几年前，维卡什被一篇关于比哈尔邦贫困地区的报道所吸引，放弃了英国一所大学的奖学金，来到了这里。第一天晚上，他就后悔了自己的选择，来到了这里。第一天晚上，他就后悔了自己的选择，连夜离开了村庄。他显然过于相信自己的方向感，直到被一群山狼围住，才意识到自己迷了路。幸运的是，一路追着赶来的村民们救下了他。在得知其中有人在路上被毒蛇咬伤后，维卡什以为自己肯定会被狠狠地揍一顿。谁知，村民们并没有勉强他留下，只是恳求维卡什能够在临走之前教村里的孩子们学会写自己的名字，这样他们才不会像父辈一样被山外的那些人瞧不起。维卡什无法拒绝村民们质朴的要求，回到了村庄，然后就再也没有离开。

费罗兹不解地问："同那些担任国会议员或者跨国公司高管的同学相比，你就不觉得自己的生活太寒酸了吗？"看起来一向很温和的维卡什勃然大怒，用力地将手里的咖喱饭丢到地上："当知道你大部分的同胞都在以你所不认同的方式活着，而你却无所作为时，还有什么资格去指责他们的生活？"

费罗兹和同学们羞愧地低下了头，这些来自名牌学校的天之骄子的确从未考虑过这个问题，也许这就是他们无法理解维卡什的原因。家宴就在尴尬的气氛中草草结束，费罗兹也觉得实在没有继续下去的必要。临行前，他希望维卡什能够送给自己一句话，这也是他们走访每位家长的惯例。

维卡什仔细想了想，然后用印地语在费罗兹的笔记本上写下了："奉献是一切高贵灵魂的信仰。"

给自己一个假想敌

　　我的第一个敌人叫黄帧，不过连她自己可能都不知道会跟我变成敌对关系。

　　那时我刚刚步入职场，对公司财务部的一个男同事颇有好感，可惜人家对我没啥感觉，因为谁都知道他在暗恋黄帧。黄帧弹得一手好古琴，在公司年会上一曲成名，被誉为公司的"第一古典美人"。

　　各方面来衡量比较，我似乎都不是黄帧的对手，但我不甘心光芒被她掩盖。既然做不了朋友，那就做敌人吧。

　　在别人看电影逛街的时候，我在音乐学院开设的补习班从头开始，参加有难度的箫艺培训班。从初级班到中级班再到高级班，我花了十个月时间。

　　年终晚会前我主动找到黄帧合作，我们俩排了一曲琴箫合奏的《笑傲江湖》。我们很是下了点本钱，专门去省剧院租了古装，她是古代仕女打扮，我则是反串的书生扮相。登场便是一阵轰动，苦练的曲目更是毫无错漏。

第二天，每个看到我的人都跟我打招呼，说真没想到我还有这么深藏不露的一手绝活，都快要抢下公司第一美女的风头了。除了在公司声名鹊起外，我就这样开始有了追求者。

在与第一个假想敌的对决中获益匪浅后，我将这种四面树敌的做法延伸到了更多的领域……

我们公司是做贵金属和珠宝销售的，个人亲和力和影响力就成了工作业绩不可或缺的因素。但这偏偏是我比较欠缺的，我的性格比较硬，哪怕挤出笑容也不如别的女同事那般温柔可亲。在业绩上，我给自己找的假想敌是葛丹。她是一个温柔似水的女人，同样是工装套裙，穿在她身上就有一种我们望尘莫及的风韵。而且，她对于男顾客杀伤力无穷，露齿一笑再加上温言细语，有购买计划的十有八九会开单付款，让我们眼热不已。

我最后选择的，是跟她反其道而行之。既然你走女人路线，那我就走男人婆风格。我申请将自己的工装套裙换成了工装裤，头发剪短成李宇春风格，耳环也换成了耳钉，再戴上一副方大同式的镜框，乍看上去就像个帅气的假小子。

效果立竿见影，比起葛丹对男顾客的"杀伤力"，我对于女顾客的销售业绩旋即就有了大幅提升。我这才感觉到当中性成为一种存在时，竟然也能发挥出意想不到的作用。尤其是那种中年妇女，对我这种假小子的造型竟然青睐有加——我暗自猜测，可能恰恰因为葛丹太有女人味，所以会使得同性顾客下意识地抵触和反感，跟我比起来，再没女人味的女顾客都要比我像女人，此种优越感油然而生之后，照顾我的生意也就是理所当然的了。

树敌太多会累吗？我想说明的是，假想敌不是用来惦记的，而是用来战胜的。比方说在我用箫艺吸引了男友后，黄帧就已经不再是我的敌人了，而当我通过走中性销售路线成为明星员工后，葛丹这个假想敌的影子也就被我抹去了。她们激发了我的自我成功，我已经胜出了，还有什么必要放不下呢？

很多时候，我们面临的困惑是不知道自己要去哪儿。每逢此时，假想敌——那个不近又不远、真实又虚幻的对立存在，就具有了某种拯救性的意义。在和他的战斗中，我们总能发掘出自己意料之外的强大潜力，并最终完善自己。

坚持做与众不同的自己

1986年9月2日，她出生在江西九江白杨镇。在小学读书时，父亲就开玩笑地对她说："乖乖女，如果你将来考上北京大学，我就跟你到北京去玩。"从小品学兼优的她，上北大成了她的一个美好的梦想。2003年，她以总分641分成为江西省文科高考状元考进了北京大学。

大学毕业后，一个好朋友说，你去听听新东方的课吧。她从工作的陕西报名，来到北京。在首都体育馆万人大礼堂，第一次听到俞敏洪、徐小平、王强老师在台上讲课，让她热血沸腾，她这才意识到原来课可以这样讲、人可以这样活，从此她爱上了新东方。

此时，一个女孩说你可以做新东方老师，你比台上的老师能讲，你不妨试试。刚好新东方在招聘，她就投了一个简历，可是杳无音信。第二次又投一个，刚巧被俞敏洪看到了，因为当时别人的简历都是打印的，因为在她那打印机不方便，她是手写的，结果让她手写的简历变得与众不同，一下子让俞敏洪看中了。

在新东方她真的很顺利，教书打分得了最高分，又做了集团的培训师、演讲师、总裁的助理，可是她希望更多地去学习，因为教了几年，感到自己空了，应该充充电，于是她就离开了新东方到美国哥伦比亚大学读了金融专业。

在美国读书时，她看了很多的华尔街日报、金融时报、纽约时报，还看了很多美国的电视节目，这些令她拍案叫绝，不能自已。她经常一个人在屋子里自言自信，原来新闻还有那么多的层次，原来人内心还有这么多的声音，她想在一个地方倾听更多别人的声音，她期望做一些能够对这个社会产生一点正能量的事，这是她的又一个梦想。

于是她在纽约摩根大通银行、瑞士信贷投资银行香港部、联合国纽约总部实习，本完全可以有机会谋得一个很体面、待遇又很优厚的职业。但是她回来了，回来做媒体。她不是科班出身，普通话发音很不准。为此，她到传媒大学进修一个月，学播音主持，考普通话一级甲等证书，考播音主持资格证、编辑证。

她要做传媒，她要告诉所有人自己的梦想，她想，如果你有一个梦想，你羞于告诉别人，谁会相信你能实现？你如果敢站在舞台上大胆的告诉大家，这就是我的梦想，你才有义无反顾地走过去的精神和付出坚实的行动。她是这么想的，所以她变成了"祥林嫂"，逢人就说我想当主持人！当然，她遭到无数次的拒绝，也受过无数次的打击。有人说，你这样的我见的多了，根本不行，你别试了。还有人说，你这么高龄还想换行业，尤其还想做一个对女生来说的青春行业做主持人，你还是歇了吧。可是她不管些，该干嘛干嘛，她要坚持自己的梦想，由于她的坚持，后来很多人主动地向她伸出了援手。

于是她到了新浪，担任新浪网财经频道主持人兼记者，又从新浪到北京台，担任青少年频道主持人。但是她更大的梦想是央视。于是从 2007 年回国起她就一直在做这方面的努力。后来央视财经频道找她，说你愿不愿意做一个记者，她说她愿意。她不是想做一个花瓶站在镜头前说一些自己都听不懂的话，或者说一些别人给你写好的话，她是期望可以听到别人的声音，期望自己也有一些有价值的声音可以去和别人分享。于是，她答应做记者，愿意从头学起。

后来，她参加了第六届央视主持人大赛，并获得了第 3 名，后来她又成了中央电视台新闻频道《新闻调查》出镜记者，终于实现了自己的梦想。

她就是张晓楠。

"坚持梦想做自己，你就会与众不同。"这是张晓楠的座右铭，她的人生也因此而异彩纷呈。

有个网友问我，是不是所有的实习生都要从打杂开始？是不是所有的新人都要被欺负？是不是所有老板给新人描绘的美好前景到头来却都是画大饼？

一个男生曾在我手下实习了10个月，前8个月都没什么特别的，每天就是上班干活儿，闲的时候跟同样是实习生的同学玩玩，下班回学校。每次交给他的工作，他磨磨蹭蹭也都能完成，难度稍微高一点儿的，经常丢三落四或者格式不对。那时候我太忙，也没时间多说什么，以为他能总结经验，结果却一直没什么进展。

闲暇时，他总跟我说觉得自己没什么价值感，实习就是做报告、做表格，不知道还要熬多久才能做高级一点的工作？

我承认他还算是个态度认真的实习生，但职场上更看重的是能力。能力如何，体现就是工作做得好不好。每个公司都有几个辛苦认真的员工，他们的精神让全公司感动，但遗憾的是，他们做出的东西只能让人可怜。在职场上，仅仅有认真的态度是不够的。

我问这个实习生："你仔细看过你发给我的文件和我发给客户的文件有什么不同吗？你跟我实习了这么久，能总结出做项目的简单流程吗？"

实习生的工作都算不上有难度，即使稍微复杂一些的，使劲儿想想也能完成得八九不离十。埋头苦干很重要，但更重要的是上心。比如开会的时候，有没有仔细听同事们的讨论，有没有找到老板做决策的思路，而不是事不关己就趴在桌子上转笔？当然，你可能会说，要是有那么强的能力，早就不是实习生了。但是，如果没有一颗上进的心，每天只是窝在心理"舒适区"里，老板又怎么能对你委以重任呢？我可以给你描绘一个美好的未来，但这未来更需要和你一起打造。如果你不思进取，别人给你的永远只能是空头支票。

这次谈话之后，这个男生有了显著的变化，以至于在后来的两个月中，他进步的速度让我刮目相看。每次做完一项工作，他都要跟在我后面追问哪里还不够好，然后马上去改；平时只要同事加班，即便与他关系不大，他也会留下来一直陪着大家，看有什么能帮忙的；他发给我的东西格式正确，字体、字号规范，用词专业……这让我时常感叹，之前8个月里的那个人到底是不是他。

有次我给他布置了一个需要动动脑子的活儿，他一个人默默加班到晚上 11 点发给我，而且做得相当出色。我能想象他在这四五个小时里，怎样努力地将自己的想法表述得规范又完整。那次我直接把他的邮件转发给客户，并且附言说，这是由实习生完成的市场分析报告，数据准确，分析得当。

后来我问过他，如此大的变化是怎么发生的。他说："原来我一直觉得有你在后面帮我修改，有依赖心理。我发现每次这么想的时候，都会不自觉地懈怠。你说得对，其实每个人都应该突破让自己舒适的区域。大家都喜欢反应快的人，如果不求上进、故步自封，我就只能永远是实习生了。

两个月之后，我在他的转正协议上签了字。

三十年后你的样子

那年，我硕士研究生快毕业了，工作还没有着落，不知何去何从，于是去征求已经是博士生导师的小叔的意见。

意外的是，小叔没有直接回答我的问题，却说起了他们三兄弟的陈年往事。听完小叔的一番话，我才明白了父亲三兄弟过去的经历。

我父亲是三兄弟中的老大，自幼聪敏过人，在上个世纪70年代当兵比读书吃香，屡居班上第一名的父亲，就毅然投笔从戎，而且很快成了许世友将军的贴身保卫。孰料几年之后，全国掀起了裁兵的高潮，父亲毅然退伍。此时，乡镇企业如火如荼，父亲贷款办了水泥厂，生意红红火火。而后由于乡镇企业遭整顿，父亲就放弃了水泥厂，凭着他的聪明能干和良好口碑竞选上了村支书。任满之后，父亲看电工很吃香，在50岁的时候还学了电工技术并出任村里电工，最终在此任上退休。

而二叔也很聪明，小小年纪，很多东西一看就会，一学就通。二叔似乎生来就是做手艺人的料子，天天跟着大人做功夫。家里来了木匠做功夫，他在旁边帮帮手，然后就能跟着做活。二叔很快就成了远近闻名的木匠师傅。在上个世纪80年代，二叔还改行开过拖拉机。然而，二叔最终以木匠的身份退休。

而小叔从小就体弱多病，反应迟钝，半天学不会一个活儿，读书总是处于下游。第一次高考小叔名落孙山，爷爷本想给他找其他活路，因为他笨，什么也难学会，干不了什么活，自然也难挣钱，而他自己也还想读书。父亲就对二叔说：我们做哥的辛苦点，干脆让三弟继续读书。小叔连续参加高考，终于在1979年考入一所师范大学的哲学系。大学里，小叔一门心思读书，临近毕业工作却没着落，只得去一个很偏僻的大学分校教政治和历史。但是，小叔一直迷恋哲学，除了教书外，他攻读大量的哲学名著，潜心思索。为了所钟爱的哲学，5年后，小叔考上了研究生。因为当时的人才还不是自由流动，研究生毕业他要不回原来的单位就得赔5000元。这对于一个月才100来元工资的小叔来说，无疑是天文数字。而小叔最终咬紧牙关，挺过来了。小叔接着读完了哲学博士，到毕业时，全国高等教育蓬勃发展，作为早期博士的小叔被母校作为特殊人才引进，并分配了一套房子。几年后，小叔就升任了副教授和教授，并最终成为博士生导师。小叔成了我们家族最有出息的读书人。小叔因为刻苦钻研，他的学术著作很多，并且授课风趣幽默，成为最受学生欢迎的老师之一。

最后，小叔笑了："当你去上班时，可以想想你退休时将是什么身份。我是三兄弟中最愚笨的，几十年来我坚持搞哲学，我退休时是一位人民教师，如果别人恭维一点，就会说我是一名哲学家。"

我确实知道小叔人很笨，不怎么会做事，比如做饭洗衣等都不太利索，基本上是靠婶婶照顾，但是小叔却成了当地最有名的读书人。其实，一个人应该坚持自己的兴趣爱好，坚持自己所选行业的信心。不管多笨，30多年的努力，就专业领域而言，都会让人产生敬畏之感。这样又何愁找不到工作、发展不好自己呢。小叔正是因为扬长避短，坚守自己的兴趣，长期钻研，经年累月终于构建了自己的哲学大厦。

对于一个刚刚参加工作的研究生而言，最好是摸准自己的人生兴趣，这样才会有持久的激情灌注到自己事业的那颗小苗。行业没有高低贵贱之分，首先是选择自己喜欢的行业，然后是全力以赴，数十年的奋斗，肯定能取得一些成绩的。

我一直喜欢文字，就选择做一名老师，一面读书，一面教书育人，还写一些东西，逐渐成为一名有些名气的报刊作者，并在写作理论尤其是实践方面，有一些体会，还帮不少朋友发表处女作，感觉到生活的充实和快乐。要是坚持一辈子，我也许会是作家和学者。

我想，青年朋友选择自己的职业，想想30年以后，你会是什么样子？

失败后的笑声

十多年前，一位旅行家到马来半岛旅游。半岛地处热带，雨林蓊郁，繁花似锦，五颜六色的奇异鸟类在空中飞翔鸣唱。海岸边，碧波起伏，沙滩如玉。岛上的土著居民一身阳光染就的健康肤色，从容而快乐。自然风光让旅行家如痴如醉，淳朴民风更让他流连忘返。特别是偶然遇到的一场奇异的决斗场面，更让他眼界大开。

决斗者是两名萨凯部落的男青年，几乎一样健壮、一样帅气。他们满脸严肃地走到决斗的地点，赤裸着上身，一副不是鱼死就是网破的神情。令旅行家大惑不解的是，决斗者的手中，既没有枪，也没有剑，而是一人握着一根孔雀翎。孔雀翎就是孔雀的尾羽。他们握住上端的羽梗，将下端圆圆的中间有一只美丽"眼睛"的尾部指向对方，找好适当距离站定。

决斗开始了，只见他们举起"武器"，把那美丽的"眼睛"触向对方赤裸的上身，而且专找那些最薄弱的地方，千方百计地给对方搔痒。随着时间的推移，两人的表情也发生着微妙的变化，由怒气冲冲慢慢地变成了"忍俊不禁"，最后，一方终于难耐"折磨"，控制不住笑出声来，决斗即告结束。决斗的双方竟然怒气全消，互相拍拍肩膀，一前一后地离开了。

旅行家问导游："这是不是一场特意安排的幽默表演？"

导游肯定地答复说："绝对不是。这是萨凯部落的一个传统习俗，什么时候产生的不知道，但确实已流传了好多年。在这个部落里，一个人若以为受到了别人的侮辱，便可以用决斗来泄愤。决斗的方式只有一种，就是你刚才看到的。决斗的时间没有限制，可以从早到晚，直到一方笑出声来，方告结束。先笑者为输家。笑过之后，冤家对头往往会握手言和。刚才的两个小伙子是一对情敌，为一个姑娘互不相让，所以只好决斗。决斗后胖者高兴，输者也心悦诚服，因为世代相传的游戏规则早已内化为自觉遵守的观念。这样的决斗，不仅能使难题迎刃而解，而且双方身体都不会受到伤害，更不会造成流血。

旅行家的心灵受到了强烈的震撼，他没有想到，在这个近乎原始的地方，竟然存在着如此高超的生存智慧，如此充满艺术魅力的维护尊严的方式。这样的决斗，留给对手的不是血泪和伤害，而是让对手即使失败了，也能笑出声来。

在这个世界上，我们总要不可避免地介入竞争之中，总会有各种各样的对手站在我们面前，这时，我们该用怎样一种心态去面向对手呢？曾经获得世界冠军的美国拳击手杰克，每次比赛前必先安静地祷告一会儿。一次，有人问他："你在祷告什么？"杰克说："我在祷告我们双方都能打得漂漂亮亮，最后让我们谁都不受伤。"

为自己祈祷，也为对手祈祷，祈祷自己和对手在竞争中都能少受些伤害甚至不受伤，让对手能在失败后也还能笑出声来。但愿这种充满人性的对手渐渐多起来，这样，我们的生活就多了一份笑声，少了一份泪水；多了一份关爱，少了一份冷漠；多了一份温情，少了一份伤害。

命运是一出生就注定了的，
但是我可以改变它。

人生，并不是
无法改变的

没有几个人会一帆风顺，

得到命运所有的奖励。

命运总是给你一个希望，

然后把它放在绝望的瓦罐里。

生命的荣耀，从来不轻易许人。

人生，并不是无法改变的

老杨和日向宁次一样，都是在认命之后，又努力地改变自己的人生。

老杨是我大学时的舍友，参加过三次高考。第三次走进补习班的时候，他已经相信，资质和命运决定了自己就应该属于某所不入流的高校，重新踏进补习班，是他心里残存的希望在垂死挣扎。

日向宁次虽然躲在《火影忍者》的世界里，面对的东西却比老杨的世界更现实。他是名门之后，日向家族号称"木叶最强"。他继承了大家艳羡的"白眼"。这是忍者世界创世之神——大筒木辉夜专有之能，每一个继承了"白眼"的人，都可以说自己是"神之子"。别人用血汗换来的尊重，他们只要睁开眼就有了。

这些从出生即如影随形的荣耀，是旁人眼里的光环。可是，日向宁次的这份天才的骄傲却揣得那么沉重，只因为他出生在家族的分支家庭里。

《火影忍者》的世界，讲究家族，讲究血统。在日向家族里，更是衍生出一项奇怪的制度，宗家以画在额头的咒印，控制分家的人。这一切都是为了保护嫡长宗家的"白眼"能力，为了宗家，分家众人随时都可以牺牲。

从明白事理起，日向宁次就明白了这个道理，这是他无法改变的命运，和额头的咒印一样，无法摆脱。他好像是要认命的，很多人都听他说过："人的命运，是从一出生就注定的。"

老杨的第三次高考经历，开端很熟悉：班主任以用了多年的口号开道，新同学也是一样的亢奋。老杨说："我是已经认命了，但心里总有些不甘。"一切按部就班，时间过得急躁而缓慢。他的成绩不错，可是状态极差，他自己着急，老师也着急。

直到有一天，老师把一本没封皮的旧杂志撂到他面前，一篇文章被折了角。文章的开头写着：

俞敏洪站在垃圾桶上。寒冷的风从近千人的头上吹过……他大声讲着……重复着一个哲人的话语："从绝望的大山上砍下一块希望的石头！"

突然之间，他很想知道这句话是从哪里来的，他现在就在一座绝望的山上，漫山遍野地寻找希望。

这是我们烂熟的俞敏洪的"鸡汤"，我几乎都能猜出那本杂志是什么。但我无法用轻佻的态度嘲讽老杨，他讲这个故事的时候是认真的。第三次走上高考考场的时候，他原本只是为了熄灭自己心里最后的那点希望，然后放弃这条熬人的路。

面对绝望，却没有一碗"鸡汤"可以帮助日向宁次。

明白了自己处境的日向宁次，看上去是认命了，大家看到他清澈、坚定、纯白的眼睛时，也会看到他额头青色的印记。这是他的牢笼。他的"白眼"能力被约束着，不能像宗家的堂妹雏田一样三百六十度"无死角"，但他凭借自己的努力，掌握了只有宗家子弟才能掌握的八卦掌，被视为同龄人中的天才。但在日向宁次心里，除了天才的骄傲和自信，更多的是失落、不甘，当然，还有父亲为了保护宗家而死的仇怨。他会嘲笑李洛克的勤奋，认为他受天分所限，再努力也是徒然，但是转过头，他也像李洛克一样发疯般修炼，想要改变被注定的命运。

每个经历过人生起伏的人，大概都能理解日向宁次的绝望和希望。没有几个人会一帆风顺，得到命运所有的奖励。命运总是给你一个希望，然后把它放在绝望的瓦罐里。"苦其心志，劳其体肤"是考验，是命运在检验每一个人生命的底色，看看他是否能站在满地绝望中，仍然静下心去寻找希望。命运在寻找这样的人。生命的荣耀，从来不轻易许人。

如此说来，内心的成长，就是一系列的考验。日向宁次的成长，是在那场让人难忘的中忍考试。这场考试里，喜欢鸣人的看到的是狡黠和坚韧，崇拜我爱罗的看到的是残酷和冷漠，热爱李洛克的两眼满含泪水，怜爱日向雏田的，则收获了对日向宁次的厌恶。

堂兄妹对阵。日向宁次先是劝说，他充满蔑视地劝说雏田放弃和自己的比赛。日向宁次疼爱自己的这个妹妹，也有充分的理由厌恶她。她是日向宗家的公主，她是如此柔弱。在日向宁次的哲学里，柔弱是命中注定的。对阵雏田时，日向宁次的愤恨值在飙升，如果不是她，如果他是她，如果没有她，自己的命运会是怎样一种境况。痛下狠手，日向宁次不像是在攻击雏田，更像是在攻击命运。

这是一次让人充满唏嘘的中忍考试。日向宁次激烈又冷酷地向人们宣示，自己是出生在分家的强者；雏田用无望的还击告诉这位哥哥："我心中有激励自己的人和信念，我可以很柔弱，但柔弱不是命运。"

真正的考验出现在决赛的第三场。漩涡鸣人 vs 日向宁次，即天才 vs "吊车尾"。

赛前，我们就已经知道，鸣人会被痛揍，宁次会无限靠近胜利，九尾会帮助鸣人，宁次最终会失败。这是岸本齐史许诺给我们的，这时，岸本是命运之神，他安排鸣人在众人的鄙视中成长，安排宁次在所有人的期许中失败。

命运看似强大，其实是一个由绝望做成的瓦罐。我们自己就是绝望里唯一的希望，在命运瓦罐里寻找出路。日向宁次从来没想过，自己会输给鸣人，他也从来没有遇到过如此顽强的敌人。一场传统意义上的高潮对决之后，裹在两个人身上的命运的硬壳都开始破裂。

鸣人被一次次击倒，日向宁次产生幻觉。那个不断被打倒又爬起来的，像极了不服命运安排的自己。这种架打到最后，永远都是一直站着的那个人心惊胆战，对手什么时候才会放弃，下一次，自己是否还能打倒他。那么，如果自己坚信下一次还能站起来，命运之神是否会因为害怕而开始轻微地颤抖。

这是一场真正意义上的蜕变之战，裹在鸣人身上的鄙夷和缠绕着宁次的骄傲与绝望同时碎裂。日向宁次在决斗场上看到了两个自己：一个趴在地上摇晃着起身的自己，一个害怕对手又一次爬起来的自己。

多年之后，我坚信，这场中忍决赛，日向宁次最终是输给了自己的恍惚，他想分清楚哪一个才是自己的内心。恍惚之间，他被鸣人的最后一击彻底击败，随之破碎的，是一直束缚着宁次的牢笼。

有多少人是在一次彻底的失败之后重新认识人生的，如果不是被击倒在尘埃中，他可能永远都不相信命运也会因为惊惧而颤抖。从那天开始，日向宁次终于学会相信一件事情："命运是一出生就注定了的，但是我可以改变它。"

如果过去不美，那就把现在和未来变美

看到一个姑娘在朋友圈上 po 了一张三年前和现在穿同一件衣服的出镜照对比。写着"不比不知道，一比吓一跳，不知是岁月无情还是太忙的缘故，三年前后，衣是人非，好让人揪心"。

我记得去年的这个时候我朋友圈也 po 了一张近期出镜的照片，写着"可是，三年，物是人非，哪有永远不老的容颜"。

现在想想，那个时候的自己过于矫情，世间常态，又何必放在心上。

当然总有会伤感的姑娘，在大学毕业的散伙饭上流下了眼泪，怀念的是青春，感伤的是逝去。

后来，去拉美驻外，知道要去驻外的那天，简直高兴得飞上了天，问我为什么这么高兴。记得那时候拍了一张照片，一个姑娘推着三辆行李车，拿着六个箱子，对着镜头傻笑。

三年以后，从拉美回来，收拾行李订机票，只用了三天。并且在这三天里，吃了无数顿饭，和大家一一告别，说了再见又说

再见。然后就头也不回地奔向新生活了。好多人问我，你想过再回巴西吗？没有，真的一点都没有。

不是因为那段时光不好，恰恰是因为那段时光太好了，以至于我一定要沉静下来，努力囤积实力，让未来过得更好。

所以，那些物是人非的时刻，无须顾影自怜。很多姑娘在后台问我，无法从过去的恋情中走出来，一听陈奕迅的《好久不见》就要痛哭，这些姑娘说，一年两年三年过去了，依然是这样，她们问我，要如何安放那些过去，才能够和过去握手言和，相安无事，才能有勇气去过新的生活。何必这么伤感，亲爱的姑娘，每一次物是人非，都是你宝贵的起点。换个角度想想，如果这么多年来，物是人是，永远都是和同一拨人一起工作，那么生活会少了多少乐趣。

H 小姐是我的闺蜜，从校园里到工作后，她经历了一段我们一度非常羡慕的完美校园恋情。后来，他们在一起六七年以后，经历了各种狗血，再后来，他们分手了。

很长一段时间，我都没有问她，她怎么样了。我不敢问她。

那么长的时间，那些校园到工作的场景，他们一起在一个城市读大学，后来一起去了另一个城市工作，她要如何安放那些回忆，她要如何在那些物是人非里，触景伤情。

可是后来，这些都没有发生。H 小姐比往常更努力工作，每次和她发微信，她都在加班。再后来她兴高采烈地说着她自己买了一套房子。

过了很久以后，我再次和她提起她的 ex，我说，你还记得那篇校内上的文章吗？她轻描淡写地说了下面的话。

"每一次物是人非，都是你宝贵的起点。每一次物是人非，我都没有害怕。因为你只有兴高采烈地去迎接未来，未来才有可能比过去更好。"

现在的她，褪去了校园的青涩，她长大了，独立了，有了热爱的工作，有了自己的生活，有了很爱她的男朋友，而再回头看，她真的把当初那些狗血，变成了她新的起点。她变得更好了。

亲爱的，如果过去很美，那么请好好珍藏，并且一定要把未来过得更好，才对得起那些美好的过去。

如果过去并不美，那就更要好好努力，把现在还有未来过得，至少比过去好。

木棉花凋零了一地，从光秃秃的枝头到满树花开新年就这样拉开帷幕。一转眼 13 年走了三分之一了，想想时间走的都有些可怕，大学同学认识都 7 年了，和同学提到这个的时候自己都觉得惊愕！时间在花开花落四季轮回，是环境改变了我？还是时间改变了我？

那年因为有梦想，因为是愤青，因为我幼稚无知，我还坦然的想着可以不用买房子，不用买车子，自己努力几年，在这三五年里学门外国语言，然后去荷兰或者瑞士定居过着理想中的生活，现在看来梦想和现实的差距就像楚河汉界一样，看似触手可及，其实无能为力。前天党支部开会，会了两个老朋友，一起吃饭聊天谈论着自己的人生走向和发展前景，以及家庭对自己年轻时候的寄托。才发现那些年和我无话不谈的朋友，依然保持着自己高尚的梦想。我不嘲笑也羡慕人家的梦，因为梦是属于自己的，梦在短期是虚幻的，当然也有为了圆梦而生活的人，朋友说："你才出来两年成熟了很多"！而今的我现实的让我都不知道！梦想变得现实和大众化，是堕落还是回归真我？

当年我嘲笑着那些为了房子车子孩子父母而打拼的人，嘲笑着："这样周而复始生活的意义何在，梦都是一样难道不俗套？"如今我发现我已无声的加入这个队伍，漠然的走着！生活究竟为了生活？如果我说："我不知道"是不是属于那种活着浪费空气死了浪费土地的人？不过爸妈他们能告诉我："生你，养你，培养你是为了以后我们老了有个依靠"。如果把希望寄托在一个叫不知道的人身上，他们是不是会后悔？

我确切的不知道我想要什么，生活了二十多年，看到了很多种生活方式，我称这叫"生活样板"，曾经移民的想法已经不复存在了，也许我会像我爸妈一样为了不让自己子女待在农村，努力付出让我们读大学，而我为了不让自己的子女待在国内而努力让他们完成我当时的梦想？我想既然梦想没有了，趁现在年轻好好工作努力成就自己。明年开始买房子，空余安排自己去旅行。二十志学，三十结婚，四十退休兼职做做顾问，给人做做方案。自己开个茶馆会会友喝喝茶，看看书写写文章，养花喂鸟地过着属于自己的小日子。成功的标志是什么？自己自由过自己想要的生活，睡的香，吃得好，高兴快乐！很多人羡慕我的梦，因为可行，其实谁又知道这个梦原本并属于我自己，梦是拼凑出来，我只为了生活塑造了这样一个梦！

那年出来工作立志来沿海城市，不是为了挣钱，不是为了爬的高，走得快，不是想走上所谓的上流社会。而是我想混明白我想要什么！我活着为了谁？我想要什么样的生活？现在！两年过去了，我已经明白很多。不要问我生活为了谁，也不要问我生命的意义何在？更别说上流社会是什么样！上帝给了我和其他人一样的身躯，现在看到我这样的思维方式，我想她会原谅我不能改变这个世界变成一个所谓的伟人这一现实，我只想安居乐业，安于自己的心。我就是我，我为我拼凑出可行的梦而生活。

时间会走，梦会重生和模糊不清，最后以至于梦是什么都不清楚，但是请记住一定不要放弃每个可行的梦！虽然半庸，平凡，至少我因为我有一个可行的梦而自豪！

放了自己

新年前，一位朋友的母亲走了。

那个失去了母亲的女子，是我和陈丹燕共同的朋友。按照民族的习俗，母亲在安葬之时，要擦洗身体，剃掉所有的毛发，用洁净白布包裹，在这个过程中，女儿应该守在身边，目睹时间和生活是怎么样耗尽了一个人，并最终带走她。

那个下午非常寒冷。她打电话给陈丹燕，泣不成声，她说我非常害怕，我很小就离开家，从来没有接受过这样的训练，我不知道能不能看下去。

在我们三个人之中，只有陈丹燕经历过这样的告别。有的经历是很重要的，要教她不要怕，先要懂得她的怕。陈丹燕说：你一定不要去参加这个仪式。你是她的女儿，她走了，你的生活还是要往下过的，你不能过不去。

是的，死亡距离我们那么近，它一定会发生。《圣经》上也说：不要怕。可是很多像我这样的人只是在理论上知道不要怕，当你独自面对一只孟加拉虎时，害怕是最没用的，老虎不会突然昏厥放你走开。可是真正做到不怕，那的确很困难。

在上海的雾雪天气里，我约了朋友见面。我不知道能否安慰到她，特意去花店买花，不要红玫瑰，不要白玫瑰，不要黄玫瑰，那都是不体贴悲伤的颜色，最后，我挑选了一束蓝色的莲花。正是黄昏时分，人群拥挤，每个人都是沉默的、匆忙的，在这样的世界里，即便站在千百人之中，我也会觉得孤独，只有怀抱里的蓝色莲花令人安慰，它散发出清晨的露水气息。

当她站在我面前，看着我，就像个迷路的孩子。人生中最重大的失去降临了，它不可挽回，这还不是最糟糕的，最糟糕的是：你再也看不见她，再也听不到她说话，可是她并没有离开。你会一直闻见她的气味，吃饭的时候，想起她留下的一只碗，去超市一眼发现她最喜欢的云片糕，你忘了好多事情，偏偏记得怎么顶撞她，气得她大哭。

人间的感情就是这样：一直在深爱，一直在痛苦。一直在期待，一直在失望。

她说，实际上母亲在病痛后期非常痛苦，渐渐丧失体面，多次提出要求安乐死，儿女们都不说话。你知道为什么吗？是我们需要她，我们觉得不够，不能放下。

我手臂上的汗毛都竖起来，那种不够的感觉我体会过，我们为什么会觉得不够？因为不安全。你可以拥有很多东西：面朝大海的阳台，世界上最大的钻石，非同一般的美貌，不会枯竭的才华，包括下世都用不完的金钱，可是你依然觉得不够，因为你拥有的都会面临失去，那种不够，是每个人都尝试过的巨大痛苦和不完整。

我看过记者采访一位伟大的佛教导师，他说：我很多很多时候都会觉得孤独。如果要对峙它，必须接受你是孤独的，一旦接受，你就没有了那种不真实的期望，情况就会变得好一些。

接受孤独，接受失去，接受自己是不完整的，偶尔还会被变故打败。也许接受是难以下咽的，但在无法承受的时候，要学会放过自己。

独自回家的路上，我又去了那家花店，买了同样的蓝色莲花。这条路的两边种植着高大的法国梧桐，在转角处，我把那束蓝色莲花轻轻放在地上，盼望有一个独自走夜路的人能够看见它，带走它。

人生的每一条路都是悲欣交集的，即便在冬天凋零的树下，坚持往前走，总会遇见好运气，转角处一定有礼物。

创造自己的身价

　　我是个学广告专业的大专生，在这个一根棍子扔在街上就可以砸倒三个本科生的年代，大专生也真算"稀有"了。

　　去年我从学校毕业，找工作屡受挫折，最后进了一家规模不大的广告公司策划部，做文案工作。

　　策划部一共六个人，两个研究生，三个知名大学的本科生，就我的学历最低，他们都不屑拿正眼看我。可我偏偏是个不信邪的人，大专生怎么了？名校的研究生又怎么了？难道他们毕业证与学位证书往单位一挂，业绩会滚滚而来不成？人生是场马拉松，他们的学历比我高，只能证明前面一段路比我跑得快了点而已，我就不迷信学历，我深信只要自己好好干，一定可以把工作干得非常出色。

　　因为我的学历低，老板给我开的工资也比他们低很多。但是，我一点也不卑怯，我相信，老板以后会重新给我估价的，我要让工作成绩来决定我的价值。我们公司主要做电视广告，也就是在当地的电视台买断了一个频道的广告时间段，然后由我们来做。我们老总鼓励单位的每个人在完成本职工作的同时，出去拉业务，无论谁签到单子，都可以拿百分之十的提成。这个政策令我的心蠢蠢欲动。我印制了一大沓名片，每天中午利用休息的时间到附近的一些写字楼里去"扫楼"拉业务。那个时间段，正好是许多公司的老总刚吃过午饭准备休息的时间，遇上有人来了兴趣，让我坐下来聊天，我就抓住时机大谈我们公司的业务和发展，然后扳着手指头给他们一讲述我们公司给大客户们做过的成功案例，甚至把广告词也一并说给他们听，以增强说服力。

由于我到处宣传，渐渐地，附近很多人都知道了我们公司。在我的不懈努力下，两个月后，我终于和一个化妆品公司签下了三十万元的合同。我是文案，居然拉来业务，老总非常高兴，当即给了我三万块的提成，还在员工会议上大大表扬了我。

此后，我的干劲更足了。我又印制了大量的名片，像保险公司里的业务员一样，遇到潜在的客户就发，在朋友的婚宴上，在同学聚会上，甚至连乘坐地铁和公交车的机会也不放过。朋友们见我发名片这么疯狂，都开玩笑说我干工作简直比那些搞传销的还狂热。

这份"狂热"很快见了成效，我的业务渐渐地多了起来。我这不务正业的文案拉的广告额，居然比业务部里的任何人都多。

一时间，公司里所有的人，都对我刮目相看了。包括老总和策划部那几个学历比我高、平时不拿正眼看我的同事。我们是个地级市，省城的晚报在我们这里设有专门的发行站。由于发行工作做得好，报纸的订阅比较大。在我的建议下，老总花钱买下了每天一个广告版面的经营权，专门代理我们这个地级市的广告。此外，我还主动联系了几家知名杂志的广告部经理，一来二去，他们答应每个版给我们一个最低价，我们拉到业务后，赚取中间的差价……

手上掌握了电视、报纸、杂志几个媒介的自由使用权，我做起业务来更加得心应手了。此后我再向客户推介时，建议他们搞广告轰炸——即先把名气给"轰炸"出来，要在电视上能看到，报纸上能翻到，杂志上能找到。有些老板被我说动心了，开始不断地增加广告投入。公司的效益、我的收入，也就随着业务的增加水涨船高。

业务量大了，我的工作也越来越忙，越来越累。客户们越来越重视广告宣传以后，直接导致了他们总是想把广告文稿做得非常完美，这就需要我不断地推敲、不断地修改、不断地充实。有时候，为了一个文稿，我一天内甚至要跑十多趟，常常忙到晚上八九点才回家。以前读书的时候，我刻意减肥，怎么减也减不下去，现在自己常常直接或者间接地加班，三个月后，我一下子瘦了十多斤。我心里暗暗自嘲：当个工作狂也不错，不费劲地换来了苗条身材。

我们策划部的那几个文案，老总不在的时候，就聚在一起埋怨单位的工资不高，福利不好。同事间的情绪是互相传染的，越这样埋怨，大家的情绪就越不好，另外，策划部的其他几个人都有聊QQ的习惯，老总不在的时候，他们经常偷偷和网友聊天。每次我起身去饮水机前接水的时候，总能看见他们打开着的QQ对话框，以及他们脸上露出的那种沉浸在聊天中的暧昧表情。这在我眼中，无异于浪费青春和生命。如果不喜欢这份工作或者嫌待遇不好，干脆辞职算了，何必这样浪费自己的时间与精力呢？他们的学历不低，本拥有良好的人生起点，却在这里蹉跎青春，我真替他们惋惜。他们如此消极工作，待遇怎么会好？自己的身价是需要用工作业绩来体现的呀。

在我的努力下，平面媒体这块发展得很快，足足占了单位总利润的三分之一。因为我出色的业绩，老总破格把我提拔为副总经理，主管业务部门以及策划部的工作，薪水当然也有了大幅度的提高。

当了副总以后，我做的第一件事，就是给员工们开会，会议的主题是：每个人的身价都是自己创造出来的……

换个角度来思考

有一位现年 30 岁的男子名叫理卡多·艾西莫·罗萨，来自葡萄牙。八年前移居到英国萨默特郡巴思市。

六个月前，在离家两英里外的巴西斯顿市的巴特汉姆·马休斯设计公司找到了一份实习建筑工程师的工作。尽管他的家离公司只有两英里的距离，然而他每天都要花掉大量的时间在路上，因为路上经常发生堵车，汽车开起来就像蜗牛在爬，更糟糕的是他每天还不得不闻汽车排出的大量尾气。

一开始的时候，罗萨除了在路上一边麻木地按着喇叭，一边无聊地看着窗外，也没有什么更好的办法。为了上班不再迟到，罗萨每天都要早起 1 小时，很是无奈。早上六点钟出门，晚上基本上要十点多才能回到家。在一次路上堵车的时候，他很自然地看到了车窗外有一条河流一直从他的家延伸到公司所在地。罗萨突然灵机一动，陆路不通，能不能改水路？

那天晚上下班，他一回到家就迫不及待地拿出了之前早已经买好的地图，在萨默特郡巴市和巴西斯顿市两城市之间果然有一条河流。为了进一步确认，他在第二天早上还打电话给城市规划部门咨询确认，在得到肯定答复后，罗萨激动了一夜。

罗萨的脑中闪出一个奇怪的念头："我要每天划着小艇上班！"于是他大概丈量了一下这条横跨两市的河流长度，大概和陆路的距离差不多，不过划艇的速度肯定没有汽车快。于是他向一名同事借了一个单人小皮艇，又在互联网上查找了划艇的技巧和方法，没过几天，罗萨就完全掌握了划艇的方法，开始正式划着小艇上班。尽管从家里出发，他也要花费大概50分钟的时间才能到达公司附近的河岸边，但罗萨仍然感到很高兴，因为他可以不必每天面对堵车和那些难闻的汽车尾气了。

由于划着小艇上班，没有了堵车的烦恼，而且在河上还能经常碰见鸭子和鹅，罗萨一整天的心情都变得很好。没有了压抑的心情，罗萨在公司上班，效率也变得更高，业绩也变得很明显，在实习还没有结束，老板就已经通知他提前转正，享受丰厚的薪资待遇了。

如今，罗萨挎着笔记本电脑，每天划着小艇上班成了当地一道独特的风景线。目前他的同事们也正打算加入他的行列。

当一条道路不通的时候，我们的定式思维往往无法告诉我们应该走另外一条，很多时候，是我们自己把自己困在了死胡同里，换个角度思考，也许离你不远的地方就有一条道路可以通向你想要去的地方。

积蓄生存的力量

　　在澳大利亚，有一些生物具有逃避时间的能力。夏季，围巾蜥蜴会在食物不足的时候进入半休眠状态，来逃避难熬的时光。此时，它们新陈代谢的速率只有正常状态下的三分之二。这个状态下的围巾蜥蜴每周才进食一次，因此只会花很少的时间去觅食。但这并不意味它们不会碰上天敌，黑鸢就常常盯着它们。为了逃脱猎食者的捕杀，蜥蜴会迅速将自己切换到安全状态。它会出人意料地奔跑，然后以惊人的速度跳上最近的一棵大树上。大树是安全的避难所，无论是对付猎食者，还是太阳的高温，都是如此。躲到树上之后，围巾蜥蜴又迅速恢复到半休眠状态，它只能对太阳的移动做出反应，保持自己始终处于树荫之下。依靠假死状态，围巾蜥蜴度过了整个夏天。

　　动物界还有状态更深的假死，那就是将休眠状态的身体冰冻起来。凌蛙会在冰雪到来时进入冬眠状态。冰对一般的动物都是致命的，这种蛙也不例外。但是凌蛙可以在每个细胞内分泌葡萄糖，这些葡萄糖正是天然的防冻剂，能保护凌蛙的重要器官。同样，在冬天的时候，北美洲小井龟一半的身体组织也被冻结起来，它们也在深度冰冻的状态下度过冬天。这两种动物处在假死状态的时候，心脏会停止跳动，就像是死了一样。到春天冰雪融化的时候，凌蛙和小井龟就复活了。它们的解冻顺序都是从内到外，先是心脏，然后是身体。一旦解冻，这些动物就会迅速利用仅有的几个月活动季节。

对于哺乳动物来说，生命的长短和身体的大小也是成正比的。象鼩很少能活过两岁，而大象则可以活过 60 岁。但是在生活的步调上，大象比象鼩要慢上 30 倍。大象的心跳每分钟只有 25 下，而象鼩的心跳则可以达到每分钟 800 下。看起来，大个头的迟缓动物比小个头的敏捷动物有着更长的寿命，但实际上，它们却有着近乎同样的心跳总次数——心脏在跳动 8 亿次以后，大多数动物都会死去。

当然，捕食者也会在寿命极限到达之前提前倒下。处于食物链顶端的食肉动物唯一面临的威胁，就是随年龄增长所带来的身体压力。肌体的不断劳损和修复会渐渐要了它们的命，毕竟肌肉只能被修复一定的次数，而不是无限。举例来说，一只年迈的狮子在捕食一头斑马时，斑马的反抗和逃跑在无形中折损着狮子的身体。所以，在不必要的情况下，狮子是绝不会奔跑的。

RENSHENG
BING BUSHI WUFA GAIBIAN DE

我们常说，生命在于运动，但围巾蜥蜴、凌蛙、小井龟、大象、狮子等动物却在静止中保护住了自己的体能储备，从而活得更长寿。它们的生活方式告诉我们，在等待中积蓄力量，也是一种生存智慧。

孩子的记忆

女儿很小时，我家很穷，刚从农村搬到县城，妻子没工作，一家人只靠我一个人的工资，生活不免捉襟见肘。

但女儿上的是县城里最好的幼儿园。上这家幼儿园的孩子，父母不是当官的，就是做生意的，我因为是县教育局的一个小职员，女儿才有幸没交任何"入园赞助费"。

家境富裕的孩子，衣服好、玩具多，而女儿既没有好衣服，也没有像样的玩具。冬天，女儿穿一件她母亲小时穿过的紫红色棉绒夹袄，夏天穿一件红色劣质纱料做成的短袖衫。就是靠这两件衣服，女儿度过了她的幼儿园时期。

记忆中，幼儿园时期的女儿似乎不懂攀比，好像从来没和我们要过衣服，玩具也是春节燃放烟花时剩下的残骸。这样的玩具当然不能拿到幼儿园去玩，女儿只好放学回家后在屋里的水泥地上独自摆着玩。

女儿对好衣服惟一一次表现出依恋是上幼儿园的第二年。那年"六·一"儿童节小朋友们表演节目,女儿被选做报幕员,老师给女儿借了一套上身水粉,下身水绿的连衣裙。演出结束后,从来都是乖巧听话的女儿不听话了,我们好说歹说,女儿才肯脱下那套连衣裙,但哭得满脸是泪。

这些记忆在我们心中存放着,我们从没想到过当时 4 岁多的女儿会对这些有记忆。

前不久,和快结婚的女儿谈起她的童年。我说:"你知不知道,你很小的时候,我们住在县城,你冬天、夏天总穿红衣服,幼儿园老师不叫你的名字,叫你小红孩儿?"女儿说:"知道哇!"

我又说:"你小时候可乖了,从来不要好衣服和玩具。"我的话音刚落,女儿就说:"才不是呢!哪个孩子不知道要衣服、要玩具呀!我不要,是因为知道咱家没钱。那时,你穿的一件短袖衫是 5 元钱买来的,大人都穿不起好衣服,小孩子怎么要哇!还有,我那时天天偷着翻妈妈衣兜,里面从来没超过 10 元钱,我都怕没饭吃呢,还敢要玩具?"

女儿说完,一脸的笑,我却流出泪来。

不要以为孩子小,童年的事就什么都不知道。其实,小孩子记得。

更重要的是争气

他是江苏常熟的一个普通农民，1976 年，怀着对未来美好生活的追求，他带着公社的 10 位裁缝成立了一个小缝纫组。创业之初，他们的全部资产是 8 台家用缝纫机和一辆永久牌自行车，业务则是来料加工，赚取一点手工费。

1980 年的一天，他去上海寻找包工活的机会。那时交通不便，从家乡到上海是一段 80 公里的砂石路，平时公共汽车很少，每次去上海他都是骑那辆自行车，路途艰辛漫长。这次，他想"偷懒"搭乘一回公共汽车。谁知他刚踏上车，就被一个上海乘客连人带包赶了下来，嘴里骂骂咧咧地说他一身寒碜气、土包子，根本不配坐车。他涨红了脸，想跟人家争辩几句，可是车门很快"啪嗒"一声关上了，车轮底下卷起一股黄尘，公共汽车扬长而去，将他扔在路边。

被人歧视的滋味很不好受，事后他想："一定要活出个人样来，非出这口窝囊气不可！"

由于他们是作坊似的小工厂，根本没人在意他们，就算好不容易拿到了加工订单，人家也会百般刁难。一次，靠一位朋友的关系，他联系上了一家上海企业，碍于情面，对方总算答应跟他们合作一回，可是活儿分下来，工人们都愣住了，原来那家企业把最难的一项活儿摊给了他们：做中式棉袄罩衣、中西式罩衣和盘各种花纽。他也很生气，可是转念一想，他又平静下来，他给工人们打气："我看这个活儿值得做，咱们权且把它当成一次考试吧，考试合格了，别人认可了，自然就会给咱们活儿干。不就是难一点吗？越是难做的东西，咱们越要当成一门新的技艺去学习，等完成了，也学会了，人家也就知道咱们的能耐了！"他组织工人加班加点，精工细作，硬是在交货期限内完成了任务。结果那家上海企业也被感动了，主动找他们签下了更大的一笔合同。

就这样，凭借诚信经营和过硬的质量，小厂的名气渐渐大起来。随着业务的扩大，他不再满足于来料加工，而是与一家知名工厂合作生产羽绒服。然而，打着别人的牌子生产总让他觉得施展不开拳脚，赚到钱后，他果断结束了这种模式，开始全力打造自主品牌的羽绒服。

1995 年，他的公司生产的羽绒服已占到全国市场份额的16.98%，坐上了羽绒服市场的第一把交椅。

站稳了国内市场，他雄心勃勃，又把目光投向了竞争更加激烈的国际市场。谁知他第一次去俄罗斯考察市场时，内心又被深深刺痛了一回。

原来，在他准备开拓市场的地方，已有多家实力雄厚的厂商牢牢占据着市场份额，虽说在国内已是知名企业，但由于中国企业制造的产品在国外很多地方都被人视为"伪劣产品"，因此听说中国人要来销售羽绒服，带有偏见的俄罗斯人都表示出不屑，一位俄罗斯商人甚至一语双关地"幽"了他一默："先生，你们中国生产的羽绒服做好适应欧洲'寒冷'的准备了吗？"话语里潜藏的傲慢和讥讽让他如芒在背，他暗下决心：一定要为中国争口气！回国后他继续在羽绒服的绒朵含量和"时尚化"的路子上下功夫，不仅要将产品打入俄罗斯，还要把中国品牌的羽绒服推向世界。

凭借着强大的创新能力和优质的产品，1999 年，他的公司生产的羽绒服成功打入了以要求严苛而著称的瑞士市场。如今，已在瑞士、日本、美国、俄罗斯、加拿大等 68 个国家和地区成功开拓了市场。

他就是"波司登"的品牌创始人、现集团董事局主席高德康。他以一个江苏农民的身份，用 30 多年的时间，将一个乡村小作坊变成了羽绒服年产量占全球市场总量三分之一的中国 500 强企业。谈及今天的成功，高德康说："面对别人的歧视，你可以生气，但生气只是一种态度，争气才是出路。当你是一棵小草时，难免会被人无视和践踏，只有在屈辱和挑战中努力成长为一棵树，用实力说话，你才能赢得别人的尊重。从这个意义上说，争气，永远比生气更重要。"

最美的绿叶

他从小就很好强，什么事都要争做最好，可是人哪能什么都做好，更何况一个孩子。一次，市里一个重要演出要选拔两个小童星，在各个小学物色人选，他第一个报了名，可不想，第一轮选拔他就被淘汰。他很受打击，一遍又一遍地问母亲，他是不是最笨的孩子。

母亲知道他太过要强，从来没有看清自己的实力，如果再不去劝导他，将来会受到更大的打击。这一天，母亲带他来到院子里，看着一朵花，问他说："你看这花美吗？""当然。"他笑着走上前，看着花爱怜地点点头。可母亲突然把花的叶子全部摘掉，然后又问他这花还美不美？他看着有些突兀的花儿，摇摇头说很难看。母亲意味深长地对他说："花儿的美，是绿叶陪衬出来的。孩子，记住，如果你成不了最美的鲜花，那就当最绿的叶子。"他听懂了母亲的话，从此把它记在心里。

后来他考上了艺术院校，可他的戏剧表演真的很差，当其他同学一个又一个地接拍电影电视剧的时候，根本没人找他，他难过极了。他曾想放弃退学回家，可每当想起母亲的那句话："成不了最美的鲜花，那就当最绿的叶子。"他又会充满力量。一天，一位同学见他没什么事，便请他写一篇刚刚上映的，同学担当配角的电影影评，多多夸奖同学一下。他答应了那位同学，并且真的用心了，两天后写成一篇影评投给了校报，谁知，这篇文章一登，同学们争着去电影院看这部电影，领略配角的风采，虽然大家依然没有注意到他，但那位同学却火了，他突然有了一种成就感。此后，他进入文学艺术系，转学文学批评。再后来，他进入《芝加哥太阳报》，开始了自己在这里长达几十年的影评生涯。每年都能洋洋洒洒地写出多篇重量级的影评文章。

这一年，芝加哥公共电视台开办了一档电影评论节目，邀请他担任主持。他欣然受邀，但提出一个条件：要聘请另一位影评人格兰特，并让格兰特主讲，他当配角。电视台对他的决定很不理解，但还是同意了他的请求。结果，这档节目播出后，很受观众们的欢迎，几乎成为人们的观影指南。人们最爱看的，不是格兰特的评论，而是他的补充。他曾经和编导谈论过这个问题，他说："如果两个评论员都担当主说，观众会很麻木，可如果由我去补充，那他们就可能听到一位优秀评论家评论过后更加优秀的评论，所以，他愿意担当配角。"

至今，多数人还是不认识他。然而，他的家里却是大红大紫的明星导演们常去的地方，因为他们知道，他们找的这个人，只要大笔一挥，给电影或是演员一个评介，就可能在公众舆论中左右这个电影的命运，影响人们对某个演员的看法，因此，他成为许多名导和演员最想结交和靠近的朋友。

他就是美国人罗杰·艾伯特，作为一名影评人，他开创了一个时代，成为第一位获得普利策新闻奖的影评人，并永远留名在好莱坞星光大道上。美国总统奥巴马曾评价他说："对一代美国人，罗杰就是电影的象征。他总能捕捉到电影的独特力量，将我们带进一片神奇的领域。他一生不曾大红大紫，却决定着大红大紫人的命运，他不是最美的鲜花，却是最靓丽的绿叶。"

做一盏会控制的灯

车间有位技术精湛的仪表维修工庞师傅。庞师傅不善言谈，但爱钻研、好琢磨，在精密仪表的维修上很有一套。

虽然大家公认为庞师傅技术高超，但因为他不善表达，性格又直，十多年下来，眼见着他带出来的徒弟有的高升，有的加薪，而他自己，依然是一名普通的维修工，这让庞师傅心里很不服气，同时也有些心灰意冷。

一次亲戚宴会，酒后的闲谈中，庞师傅说出了他的烦恼。有位年长的亲戚听后笑着问他："你确信，你的技术无人替代吗？"庞师傅自信地点头。那位亲戚便建议他："不管以什么理由，你请几天假好了。"

"为什么？"庞师傅问。亲戚说："你想想，一盏灯如果一直亮着，会有人注意吗？"

庞师傅明白了。他便找理由请了3天的假。结果第二天，厂长的电话便打来了，让他无论如何要回厂里一趟，因为一台进口机床的仪表出了问题，其他的技工都修不好，让他务必回厂解决一下。

庞师傅谎称他在外地，回不来呀。厂长豪迈地说：怎么回不来，坐飞机呀，花多少钱我给你报销。庞师傅心里好不高兴，如此说来，厂里果然是离不了他。从此之后，庞师傅有了居功自傲心理，只要他心情不舒展，便会想各种办法请上一天两天的假。

然而终于有一天，庞师傅被告知，他被解雇了。

庞师傅憋闷，又去找那位亲戚。亲戚听后说："你呀你，聪明反被聪明误。一盏灯一直亮着，固然容易被人漠视；可如果它经常熄灭，那还是灯吗？是不是随时会有被扔掉的危险！"

一盏灯，无论它多么稀缺，多么光芒四射，都需要一个理性的开关来加以把握。

有些事，你不会知道

在你的生命里，经历了一些很重大的事情，可是你并不知道。

5 岁那年，爸爸下班回来，你跑去迎接他，不小心摔了个狗啃泥，不过没有受伤。你并不知道，就在你摔倒的地方往左两厘米，立着一根小钉子，如果你稍微偏一偏，左眼就失明了。

10 岁那年，你一个人在家煮方便面，刚把水壶放到煤气炉上，就接到妈妈的电话让你去姥姥家，你完全忘了开着的煤气炉，锁上门就走了。多么幸运，当壶里的水被烧干时，煤气正好用完了。一场势不可挡的火灾没有发生。

15 岁那年，某天晚上，你下了晚自习，像往常那样回家，你肯定没有想到，在刚刚经过的那条小路上，几个小流氓欲拦住你图谋不轨，可是刚好一对夫妻走了过来，坏蛋们一胆怯，放过了你。

25 岁那年，你怀着孕，不小心感冒了，去医院打针时粗心的大夫开错了药。当护士拿着会致胎儿畸形的甲硝唑准备给你打时，另一个护士无意间看见了，走过去又折回来，悄悄提醒那个护士说，孕妇不能用这个药啊。谁也不知道，如果那天药打进去，会是什么结果。

有那么多次，你都差点掉进悲伤的深渊，可是，你幸运地躲过去了。不得不说，有那么多时候，上苍都眷顾着你，救你于苦海。

如果知道了这些，你还会为了一点小困难、小失败、小痛苦去埋怨吗？考试的低分、恋人的背叛、身体的伤病……相对那些躲过去的灾难，这些算得了什么？所以，亲爱的，在面对困难的时候要相信，其实生活对你很眷顾。

当然，在你的生命里，还有一些大事情，你并不知道。

6岁那年，爸爸准备送你去少年宫学习绘画，可是，由于奶奶生病，那个暑假他们没有时间接送你，就把这件事放下了。没有人知道，如果当时得到专业的培训，以你的天赋，也许会在这方面取得不凡的成就。

18岁那年，你暗恋已久的男生准备向你表白，信已经写好了，又专门跑到你家楼下小心翼翼地投进信箱。可是他记错了楼号，那封信，被邻居拿到，疑惑了好久之后，给丢掉了。一个男孩，一段青春里最美好的恋情，就这样与你擦肩而过。

24岁那年，你到一家非常好的单位求职，费尽心思终于闯到最后一关，却还是失败了。你并不知道，其实本来你的名字已经在录取的名单里面了，可是，在敲定人选的会议上，一位重量级的评委把你记成另一个表现很差的人，坚定地投了反对票。就这样，别人一个莫名的小失误，让你失去了一份梦寐以求的好工作。

这样的事情，大概还有不少。有那么多次，命运本来已经要改变了，却在最后的关头，因为莫名其妙的偏差，掉转了方向。哦！或许，你的运气实在不怎么样。

所以，亲爱的，当你的彩票中了奖，当你的古董升了值，当你顺利地考上大学又考上了研究生，当你成为单位里最年轻的管理者……不要让自己飘起来，不要轻易地以为自己的运气和实力多么好，要知道，这只是你人生里本来可以发生的美好事情的一部分，还有一部分，你并没有得到。

真的，牛活并不完全是你看到的样子，很多大事情你经历了却并不知道。如果你知道了这些，你大概就不会对现在的得与失太在意了。

没错，每个人都不是步步摔跟头的倒霉蛋，更没有人是一帆风顺命运的宠儿。

记住一个黑暗的日子

记住自己的生日，为自己，更为母亲。

这一天，是你睁开眼睛看世界的起始日。而这以前，你一直兴奋地生活在温暖的黑暗中。母腹的黑暗是粉红色的黑暗，是透明的黑暗，是温馨的黑暗。黑暗中有你需要的营养，你的阳光就是母亲的心血。所以，当你睁开眼睛看世界时，你的意识是模糊的，但毕竟是存在的——存在的第一意识就是报答黑暗所给予你的奉献。因为黑暗，所以你安全；因为黑暗，所以你无需光明——你的光明是母亲温柔如水的眼神，所有母性的爱都包含在这无私而又特别安详的眼神里。这种一生一世只有在孩子的黑暗中才有的眼神，像一根弹性的纽带，系着你的人生。

你终于离开了那个黑暗的所在，第一声啼哭其实是你的宣言：我一定还要回到母亲的黑暗之中。可是你永远回不去了，当你走尽人生路，确实有永恒的黑暗等待着你，但那已经不是母亲的神圣的黑暗，而是大地的怀抱。虽然那里也有母亲的黑暗中所有的一切，但那是大家的，而不只属于你一个人。你从一个人的黑暗中，走到许多人共同拥有的黑暗中，那个路程并不平坦，但你必须面对。

当你进入另一个黑暗里的时候，你应该想起你挣破第一个黑暗的日子，那便是你的生日。你应该时刻记住这个离开黑暗的日子。因为从这一刻起，你要在光亮中行走。而世界上最不安全的区域就是光亮。光亮带给你的不是人生的经验，而是时刻需要排除心中的惧怕。所以你需要结伴而行，不是跟父母，而是跟一个由"爱情"到"亲情"的人共度时光，在光亮中寻找属于你们的温馨的黑暗。这是繁衍生命的唯一途径。所以，你要记住离开黑暗的日子。这是第一个理由。

这一天，是你母亲的苦难、母亲的地狱。十个月的时间对于母亲的生命来讲，并不算长，而这十个月的时间里，准母亲们的内心大多充满幸福的憧憬，幸福永远是第一位的。而当你真的要离开她一手缔造的黑暗时，她是受不了的。她恐惧，她担心——这些恐惧和担心，并不是自己会怎么样，而是你能否安安全全地来到光亮之中，只有当她听见你的第一声啼哭时，她才暂时闭上眼睛，休息一会儿。分娩的时间不长，但对于由准母亲到真正的母亲的转化中，那是宇宙中最黑暗、最漫长的日月。母亲看到的是无尽的黑暗，有魔鬼派来许多恶煞，拽着母亲的腿，要她下地狱——你为什么让他离开黑暗？你不知道光亮处比黑暗还要黑暗吗？母亲挣扎，却说不出话。母亲在心里说，你们对我怎么样都可以，千万别伤害我的孩子。其实我是多么不希望孩子离开我的黑暗呀——一旦离开了这里，我的心里就有了无尽的牵挂。这就是母亲，这就是为你扯掉黑暗帷幕的女人！

如果她活着，你要记住她的黑暗；如果她走了，你更要记住她的黑暗。这个黑暗的日子就是你的生日。记住自己的生日，就是记住母亲的苦难。母亲的分娩仿佛一朵花的盛开，花从蓓蕾的黑暗中绽开笑脸，那是一次永不回头的感恩。

有这些理由难道还不够吗？

洗尽人间
的铅华

　　新认识的一位朋友，快六十岁了，突然迷上了绘画。只为能多拥有一些画画的时间，他毅然从不错的领导岗位上退下来，去工会找了一个闲职。其实，他是有些艺术天赋的，读中学时画的素描就曾得到一位名画家的赞赏。可父母逼他报考了大学里的政治学专业，期待他在仕途上有所发展。后来，他真的磕磕绊绊地当了不大不小的官，忙不完的应酬，让他把绘画彻底扔掉了。偶尔遇见一位同窗，见人家一直没放弃写诗歌，如今还写得那么热情洋溢，一脸喜悦，像挖到了金子似的。便觉得自己这些年好像都是为别人活的，所收获的那些名利，毫无价值可言。于是，他重新拿起了画笔，开始去老年大学听课，去找名家求教，甚至跟一大帮准备报考艺术高校的中学生在一起练素描。

　　那天，我到他那里，随手拿起他刚刚画好的一幅水彩画："这个是你画的？颜色怎么这么淡？"

　　他有些得意道："这可是我的独创，你看我画的这个丝瓜是不是有些味道？"

我惊讶地问他："你现在还想当一个画家吗？"

他笑了："我现在就是一个画家呀，想画什么就画什么，想怎么画就怎么画，全凭自己的兴致，自由地尽情发挥。"

我敬佩他："你真是达到了一种境界。"

"其实，画画和爱情一样，讲究的都是找到自己喜欢的感觉。再向你透露一个消息，我下个周末准备结婚了。"他面带喜色。

"她是一个什么样的人？不仅让你动了心，还让你动了婚姻？你不是说过这辈子不想让婚姻套住自己吗？"我知道，他有过两次短暂的婚姻后，三十年来，一直过着"一个人吃饱了全家不饿"的日子。

"她是一个舞蹈演员，曾经红过一些年头，在报刊和电视上光鲜过，我一说她的名字，你肯定不陌生，她嫁过三个男人，都离了，现在可谓人老珠黄了，但我觉得她风韵犹存，甚至还多了一份诱人的魅力。"他报出了她的名字，果然是我知晓的一位过气多年的昔日明星。

我逗他："你真行啊，这么多年一个人熬着，原来是等一位明星太太啊。"

他并不生气："有人嘲笑我，说我是在接别人淘汰的四手车，其实，四手车怎么了？什么样的道路没跑过？开起来更顺手。"

我也打趣他："那是啊，尤其是遇见你这样的驾驶好手。"

他突然有些不好意思道："早些年，我的生活也是够荒唐的了，也不懂得什么爱情啊婚姻啊，也没有什么家庭责任感，辜负了那两个好女人，我现在才明白，什么是幸福的爱情？幸福的爱情就是两个人都找到了喜欢的感觉。比方说，她嫁过英俊的小生，嫁过高官，嫁过富豪，啥样的风光没见？可是，现在从舞台中央退到了后场，卸了浓妆才忽然发现，那么多的光鲜，其实都是给别人看的。想开了，就不在意别人怎么想怎么说了，她说要好好地活一回自己。所以，就痛快地答应嫁给我。"

"好好地活一回自己，这话说得好。"我不禁想起了她舞台上的倩影。

"那是啊，等把她娶进门来，她研究美食，我在旁边画画，是不是挺有情趣的？对了，这些年来，她迷上了烹饪，做得一手好菜，脾气也温顺了，懂得谦让和宽容了。"他幸福地向我描述着她如今的种种优点。

"真是铅华洗尽见真情啊。"我不由得慨叹道。

"没错，我当年那火爆的脾气，不知道伤害了多少人，也伤害了自己。现在知道了随遇而安，懂得了珍惜，懂得了在缺憾中感受完美，在喜欢中品味快乐，懂得了幸福也需要经营。"他似乎已悟透了人生。

再后来，我看到他和她挽着手去早市买菜，挽着手逛街、散步，一起去公园里跳舞，一起参加公益演出，两人出入成双，亲热得像陷入热恋的小男生小女生。用他的话说是"初恋从六十岁开始"，曾经"浪子"的他，与早已星光暗淡的她，竟成了许多人羡慕的恩爱夫妻。

其实，素面朝天是人间的一种大美。只是很多人都是在经历了太多的沧桑后，才蓦然发觉，自己曾经煞费苦心追求的不过是一阵炫目地烟花，美丽绽放过后，剩下的只是大片的清凉和孤寂。唯有那些从内心深处流淌出的真切的喜欢，才能给自己带来恒久的欢欣，才能体会到生活里面蕴藏的无穷乐趣。

阳光是用来让大家解读的，解读了阳光，就等于释然了生命。

用一生来
仰望阳光

仰望阳光，

是值得让我们用一生的高度，

去努力践行，去细心品读的，

是我们对生命的不绝欣赏，

是我们对生活的永恒仰望。

最好的镜头

去过一些地方，看过些许风景，在时间里，褪成或远或近的片段，并在心灵的地图上，固定成一个一个地名。终于，最难忘怀的，还是途中擦肩而过的人们。拍照似是一种旁白，提醒着沿途失散的表情。

那年，我俩去海边，随后登五莲山。六月的阳光，晴丽辽远。高山大海，疏朗明旷。那时我正迷恋着拍照，乐此不疲，见了景点便选取角度为之镶上一幅幅框边。

下山路，笑语欢颜的人群中，一位穿着老式粗布衣裳的老者，挎着自编的篮子，坐在盘山石阶上，停下脚来歇息。夹在五颜六色的时尚霓裳里，这样的步履，异于行者。擦肩而过，回头时，看到老人正悠闲地眺望着山峦与海天，一副熟视安宁的样子。那神情，刹那间打动了我。那时，我责编文学副刊版面。这样的神情，于我，似是一种素材的提醒。那段时间，正构思一专题：人间故乡。

打开相机，上前问老人家：奶奶，能给您拍个照吗？老人家爽快地点了点头，用手指梳理着银色的发丝，却忽然停了下来，问我：姑娘，不要钱吧？我先是笑。转而觉得哀伤。一位步履蹒跚的慈祥老者，都添了随处的提防。不敢轻易信任，成为人们之间本能的交流式。

待确定不会"收钱"时，老人才把放心的笑脸给了我，整理衣襟，双手搭膝，小学生般认真郑重。那一刻，老奶奶的听话，仿佛小小的我是她大大的老师。拍完照，坐下与老人攀谈，得知她就住在这山脚下，八十多岁了。崎岖的山路，练就了老人健朗的身板。这座山的历史与风霜，传奇与故事，经她娓娓道来，比导游的背诵动人得多。一边说着，还补充，许多故事都是后来人加的，哪儿有那么神奇呀？

别人的风景，是她眼前的流逝。她的静坐歇息，本身就是一道沧桑的风景。顿觉，老人家就是一座山呀。临走时，摸了摸老人黑黑皱皱的手，黑皱成一片大地的原野——人间故乡。

望着我这个敬业的习拍者，回的路上，他笑说：你看，多好的老人呢，为你做模特儿，免费提供肖像权，还担心地问，要不要钱，这就是民风淳朴，比风景与拍照重要得多。那一刻，我记住并再也不忘，一张迎着镜头的朴素笑脸，还有那句不放心地问：不要钱吧？

那一刻起，直至后来的每次拍照，只要画面的中心是人物，总要轻轻问一句：我为您拍个照，好吗？若被拒绝，再好的情境与构图，亦不足惜。其实拍者与不识的被拍者之间，已有着某种深沉的缘分。人海中的遇见，回眸时的一笑，拍与被拍，信任才是最重要。

那张照片洗出，端看很久。干净的阳光，葱郁的山林，一位静默的老者，身旁，自编的篮子。那静默，足以渲染一座山的重彩与风雨。照片最终也没排版。一想起那句不放心地问，心便会一紧。一位那般配合我拍照的老人，总不应该，让她仅仅是一幅"作品"，更不应有任何的实用与功能化。她和她放心的笑脸，以及那认真的端坐，是我路途中的温暖记忆，与版面及故事无关。

不知邮址，终也没寄出照片，每次翻出，一片清风暖阳。予我笑脸，与之对望，暖意定格。无论过去多久，我们在岁月里，不失散。

后来的这些年，工作眼前的风景，亦遇许多的变数，久已不排那个副刊。那些笑脸，却在告诉我：心的相贴，才是最好的镜头；目光的对望，恰是至好的焦距。工具与技法，都远在其次。

重复的乐趣

一位同事抱怨说："咱们这工作可真是太单调了，三年送一届学生。一轮一轮地重复，教材熟得都倒背如流了。以后的日子，想想都觉得没意思。"听完她的话，一位明年就要退休的老同事说："我教了一辈子书，从来没有觉得单调。每一届的学生都不一样，教学过程也是丰富多变的。即使是重复曾经的教材，整个过程却完全不一样，感受也完全不一样。这是一种生动的重复，你因为熟悉才有底气，还能在此基础上富有创造性地工作。"

"生动的重复。"说得真好。其实我们每个人都在重复，工作岗位多年固定，日子周而复始，今天会重复昨天，明天重复今天。但每一天对我们来说都是新的，是鲜活的一天，都是"生动的重复"。

早晨醒来，晨光照进屋子，今天窗前鸟儿的叫声更婉转一些，天更蓝一些，阳台上的花开得更多一些——全新的一天，一切都是新鲜灵动的。"昨日之日不可留"，昨天永远属于历史了，不可能有完全相同的两天，就像世上没有完全相同的两片叶子一样。

草枯了明年还会绿，但与过去的完全不同了。花落了明年还会开，但也是完全不同的花了。

生活中，有这么多有趣而生动的现象，看似重复，其实种种细节已经变化了。所以，即使今天我们要重复昨天的工作，也要生动地重复，让看似平淡的日子过得色香味俱全。

不由想起前一段时间大家都在疯狂转载的一份烹饪大全，"800 个小炒，一天吃一个叫你吃 3 年"。在很多人看来，每天一日三餐，没啥新鲜的。昨天是一日三餐，明天还是，后天、大后天，长年累月，不过是重复一日三餐罢了。可是有心人就能生动地重复一日三餐，每天变个新花样，吃出个活色生香来！

歌手蔡琴说过，《恰似你的温柔》她已经唱了八万多遍。八万遍重复，太吓人了！那所有的感觉不都要磨没了？还能唱出感情？蔡琴说："能！因为我喜欢这首歌，也很享受唱这首歌，我不是无可奈何地唱，是因为热爱而唱。"

因为热爱，可以让重复有声有色，也可以让单调风生水起。

生动的重复，是一种创造。多少伟大的发现，都是在日复一日的重复中，忽然间灵感乍现，抓住了翩飞的创新之蝶。因为热爱，即使重复同样的工作，也会全心投入，满怀激情，每一遍都有不一样的收获。

因为热爱，日月轮回，四季变迁，才会多了更为丰富的内涵，生活的底色也会多彩而厚重。我们的生活不可能大起大落，也少有大悲大喜，更多的是重复平淡。对大多数人来说，生活的本质就是平淡。所以，尽量为生活增添斑斓色彩，让人生过程变成生动的重复。

爱工作，爱生活，生动地去重复每天的日子吧！

用一生来仰望阳光

清空自己冗杂的心灵，捧一颗谦卑、赤诚的心，仰望阳光，那该是一份多么美好、惬意的感受啊！它，不仅给你带来了美与艺术的享受，还给你带来了一份生机与希望。

当人失意彷徨时，需要仰望阳光，倾听舒缓的歌曲，漫游、徜徉在书海的美妙意境之中，存一缕明朗的阳光在心中，让烦恼、苦闷渐渐褪去直至消逝，那是一份多么美好的遐思和怀想啊。

北极科考队队长贝德在行进过程中要求每一个队员坚持写日记，记述阳光下美好的事物。返回时因出现特殊情况不得不延期，须在极地度过一段漫长的极夜时光，这让队员们难熬得几近发疯。队长让每个队员朗读自己的日记，于是阳光下的美好景物浮现在他们的脑海中，给了他们无穷的力量。

是呀，一个人在碰到困难，心情灰暗的时候，多么需要沐浴温暖的阳光啊！我就有过这样的经历。那天，我独自漫步于回家的路上，阴暗在我的心灵角落不住地滋生，烦恼的种子在生根发芽。这时，天边的浮云遮掩住了一抹淡淡的嫣红，羞涩地捂嘴偷笑，暮歌晚唱，红光渐渐消退，我飞奔回家，等待着天边最后一抹霞光。

"水影动深树，山光窥短墙"。我在小院中驻足。家里停了电，没有光亮，一切生命的繁华都淹没在这无奈的寂寞和无尽的黑暗中，一切原始的味道都在滋生、蔓延，只剩下天边那片灿然晚霞，指引着我归往西方的道路。

没有办法做作业，只能心生不甘地静静等待，我焦躁的心在火烧火燎地疯狂肆虐，堵住了我理性的思考、哲学的通途。一切感受都在心中荡漾，像是打翻了五味瓶一样，不是滋味。一片影子在轻轻地移动，时光的脚步迈过了无数个日日夜夜，跨过了一段段被往日定格了的记忆，跨过了我的心灵底线，让我第一次深刻地感受到内心的孤寂和无助。

我在小院中徘徊，忽然，一道光亮闪现，天上的繁星引起了我的注意。

自古以来，星光就成了浩瀚的代名词，无垠的黑暗在星光中包容，在星光中隐现，与星光共存，与日月共生。仿佛让人无法深究，无法看透其中绵延不绝的玄机和奥妙，仿佛它们以前就是一个不可分割的整体，彼此相连，相互依存。

那一刻，我忽然悟出了什么，心有所感。

原来，星光的美丽，在于它善于享受月光带来的欢乐，也善于接纳黑暗在心中滋长。佛家的道理"二分之一乃是禅"，原来尽然如此，它善于接纳黑暗，善于包容挫败，就使自己的生命完整，使自己的光亮更加绚丽、动人。

低头沉吟，再次对月赏读。此刻，月亮正以云朵为枕，以星光为被，开始了一个轻轻地梦。星光也悄悄作别浮云，与"清辉"同眠，与困苦共枕。洒下无尽的光芒，悄悄坐拥我的心房。

原来，懂得赏读哲思，懂得接纳困苦也是一种智慧；原来，阳光是用来让大家解读的，解读了阳光，就等于释然了生命。仰望阳光，是值得让我们用一生的高度，去努力践行，去细心品读的，是我们对生命的不绝欣赏，是我们对生活的永恒仰望。

心盒

[1]

母亲生病住院，一位远在江西的亲戚来医院看望，提着一盒"牦牛骨髓壮骨"，那花花绿绿的包装盒足有半米多高，宽也有近半米，从盒中特意设置的5个透明窗可以看到，盒中装有5个碗口粗、20多厘米高的大瓶子，看样子分量不轻。

等亲戚走后，母亲让我拆开这个盒子，看看里面到底装着什么东西。不打开还好，一打开不禁让在场的人全呆在那儿了：盒的上半部那两个透明窗里装着的原来不是两个大瓶子，而是两张花纸片，因花纸片上印着的图案与瓶子上的图案一模一样，不仔细看，还真能以假乱真。为了不使花纸片后面那么大的地方空闲着，厂家还煞费苦心地放上了两个比方便面调味袋大不了多少的小包包。盒下半部倒是真有3个20多厘米高、碗口粗的大瓶子，可是打开瓶盖一看，里面装着的东西刚刚遮盖住瓶底，算起来竟然还不到整个瓶子容量的十分之一，其他瓶子个个也是这样。

一个偌大的包装盒，实际装着的东西竟然这么一丁点儿，难怪人称"花盒子"。而现在社会上形形色色、各种各样、大大小小、有形无形的"花盒子"还少吗？

但愿做事特别是做人，千万不要做"花盒子"！

[2]

大凡装在盒子里的东西取出之后，空空的盒子便完成了自己的使命，成了无用之物。盒子再漂亮也只是一个外表，里面或藏着一个惊喜，或藏着一个失望。关键不在盒子，盒子里装着的东西才是内容才是关键。有谁会只重外表而不重内容呢？

盒子里装着的不管是什么，其价值肯定是要大过盒子的。如果盒子的价值大过盒里的东西，那它还是盒子吗？好马配好鞍，好玉配好盒。盒子精美，里面装着的东西价值肯定不菲，一块普通的砖头就没有必要配一个镶玉镀金的盒子。而现在，与之恰恰相反的事情还少吗？

金子装在盒子里是金子，不装在盒子里它还是金子；污泥不装在盒子里是污泥，装在盒子里它还是污泥。越是差的东西才越离不开包装，越是丑的东西才越需要精美的盒子，而这样的盒子最怕的就是将它打开的时候……

世界上有永远不打开的盒子吗？

[3]

过年时，亲戚来家串门，给孩子带来了一盒花花绿绿的糖果，孩子高兴极了。半月后，糖果吃完了，可装糖果的盒子还一直放在桌上，孩子觉得它很漂亮，总也舍不得丢弃。

有一天，邻居家孩子来我家玩，看见了那个装糖果的盒子，以为里面装着什么好吃的东西，伸着小手一直要，可当打开那个空空的盒子时，他那圆圆的、胖乎乎的小脸上马上显露出了失望、沮丧的表情……

装满糖果的时候，盒子的确是漂亮的、吸引人的、散发着诱人芳香的。可是，当糖果吃完了、盒子变成空空的时候，它还是那么漂亮、吸引人、散发着诱人的芳香吗？

再漂亮的盒子，如果里面什么都没有，它也只能是个空空的盒子而已。

人，不也是如此吗？

[4]

小时看魔术，常常见一个大盒子套着一个次一点儿大的盒子，次一点儿大的盒子又套着一个中等大的盒子，中等大的盒子又套着一个小盒子，小盒子又套着一个更小的盒子，更小的盒子又套着一个最小的盒子……魔术师往往要把这连环套着的许多个盒子一一打开，才能揭出谜底。

我们每个人的心,若都装在这样的盒子里,心与心怎么相会呀!

[5]

一次我到车站等车，因脚上旧皮鞋张口，便买一新皮鞋在候车室换上，张了嘴的烂皮鞋暂无处扔，只好先装在刚才那装着新皮鞋的漂亮盒子里，并用原包装细绳系上，准备一会儿提出去丢垃圾箱里。约半个小时后，当我出去买了点儿吃的东西又返回候车室时，已不见装烂皮鞋的盒子，却忽听广播声："哪位旅客的新皮鞋丢了，请速到车站办公室来领……"听说后来还真的有一个爱占小便宜的人前去冒领，饱尝了臭鞋味。

我立时哭笑不得。要不是这个漂亮的盒子，那双烂皮鞋怎会有如此戏剧性的命运？

而在我们的生活中，还缺少这样的细节吗？！

[6]

听说一企业在生产香皂过程中，常出现"空盒子"，即个别包装纸盒里忘了装进香皂。"空盒子"混进成品中因其外表相同很难被发现，若进入市场可引发不良后果。厂长正作难时，有位员工灵机一动，搬来一台电风扇，放在装完香皂的流水线上，只要生产线上有"空盒子"经过，就会立时被风吹得跌落下来……

我忽然想起人生路上为什么有的人常跌倒摔跟头，经不得风吹，原来是因为他腹中空空、脑子空空、心空空、全身空空啊！

[7]

忘不了 20 岁生日那天，父亲送给我的一个精美礼物——一块手表。父亲是要我惜时如金。现在，装手表的盒子早已不知扔哪儿去了，而手表却还一直在我心中"滴答滴答"地响着。

钟表，是时间的盒子，里面装着无穷无尽的时间。可是，它能关得住时间吗？时间还是一分一秒地从里面悄悄跑了出来……

传说人降生时，上苍发给每人一个漂亮的盒子，那就是时间的盒子，里面装着的时间都是一模一样的。可为什么后来有些人的时间成了一块块金银，有些人的时间成了一堆堆灰尘呢？是怪盒子，还是怪打开盒子的人？

时间之盒装满了数不清的时间的小鸟，当你把它们放出去时，想让它们衔回来些什么呢？

[8]

一些神话传说常常将盒子描绘成充满极大诱惑力的上帝的"魔盒"，里面装着取之不尽的金银财宝和房屋田地。也有的如潘多拉魔盒也十分吸引人，谁知打开后，疾病、灾难、罪恶、贪婪等各种各样的祸害却立时飞了出来，降临到人间……

再迷人的盒子也只是外壳，里面既可装魔鬼也可装上帝。然而很多时候，我们只看到了漂亮的盒子，却看不到里面装着的究竟是魔鬼还是上帝。等到将盒子打开时，一切都迟了……

[9]

一天早晨，天降大雾，眼前一片朦朦胧胧的，十米之外什么也看不清，如同把一条条道路、把整座城市装进一个巨大的、白茫茫的盒子里，我出去散步竟然找不着了回家的路，昨天还是鸟语花香的美丽早晨这会儿已经看不到一丝踪影了。

我不由得想起小时候，因十分喜欢雪，曾把雪装在精美的盒子里带回家，可第二天，盒子里的雪全不见了。妈妈告诉我，雪，不需要溺爱，越冷它反而活得越潇洒；若把它装在温暖的盒子里，它反而就死了……

我忽然发现，最不需要"盒子"的原来是大自然。

[10]

谁最需要、最离不开漂亮、华丽的盒子包装自己？

小草，不需要"盒子"；树木，不需要"盒子"；雨雪，不需要"盒子"；山河，不需要"盒子"；月亮，不需要"盒子"；星星、太阳，不需要"盒子"。

谎言，需要"盒子"；真话，不需要"盒子"。丑陋，需要"盒子"；美丽，不需要"盒子"；阴谋诡计，需要"盒子"；光明正大，不需要"盒子"。虚伪伪装，需要"盒子"；真诚磊落，不需要"盒子"……

魔术师的盒子里常常有变幻无穷的东西，不过那都是假的。

假的，需要盒子掩饰；真的，不需要藏在盒子里。

好装在"盒子"里的还有僵化与腐朽，鲜活的思想不喜欢"盒子"，因为它限制、禁锢住其纵横驰骋的脚步，折断了想象、思索的翅膀。

世界上有很多人，也有许多无形的"盒子"。有的人好呆在"盒子"里，有的人一直在"盒子"外，有的人既在"盒子"外又在"盒子"里……

假如人人都把自己装进"盒子"里，人人都看不到对方，对方也看不见自己，不知世界会变成什么样子？

假如月亮也装进"盒子"里，我们还能看到这么美的月亮吗？假如地球也装进"盒子"里，地球还是现在的地球吗？

人只有死了，才真的需要盒子——骨灰盒。

心灵抵达的最终地方

阳光温暖，曲调舒缓，咖啡半浓。

坐在我对面的是，一位年轻有为的企业家，白手起家，不到30岁，已身价过亿。

他一脸轻松、从容，对我的采访也对答如流，一切都仿佛只是普通朋友间的交流。说起他成功的秘诀，他讲给我一个故事。

从一所三流大学毕业后，他整天浑浑噩噩，不愿工作，也与朋友断绝联系，生活在孤独而落寞的世界里。日日消沉，一点点地褪去生命原有的光彩。母亲信佛，带他去拜访禅师。

禅师静坐在寺门前，一脸平静地问他：记得你来时走路的姿势吗？

他努力地想想，却什么都想不起，原来连自己都不了解自己。

禅师说：你是用脚在机械化地走路，是脚在带动整个身体，这样走路，是不是很被动，也很累？他的脑海，反复闪现着自己上山时一脸疲惫、满是倦怠的样子。他感到羞愧，面向禅师，不住地点头。

禅师仍旧面如止水：你闭上眼，好好想想，在你的交际圈里，比你优秀成功的人，他们走路的姿势是怎样的？他开始努力地回忆，他们走路时身体保持前倾，带动脚步，成为惯性。用惯性走路，相对要轻松一些？

说完这话，他自己都呆住了，原来了解别人，远远超过了自己。

禅师面露笑容，你可以回去了。

第二次拜访禅师，禅师还是问他：记得你来时走路的姿势吗？

他嘴角浮笑，轻轻地点头，记得。

禅师说，那你知道什么才是真正的走路吗？

他在心底想，走路就是走路，不过从一个地方抵达另一个地方，哪会有区分真正的走路呢？但他还是一脸虔诚，静待禅师的教诲。

禅师双掌合一，真正的走路，是心念目标，用心走路，让自己的心，先到达目的地，然后内心不断地鼓舞和温暖自己，加油加油，这样的走路是不是最长久且轻松？

那一刻，他恍悟。

当他终于用心走路，去拜见禅师的时候，禅师已经不在人世了。这是他说的最后一句话，哀婉遗憾也充满怀念。

结束采访，已近黄昏，我的心还是久久地不能平静。

其实，人生就如走路，被动的人生，是机械化地接受一些东西；积极的人生，让优秀成为一种习惯；有规划和梦想的人生，永远都是心灵先抵达终点，然后一步步靠近，不断积累，成就卓越和梦想。

或许，生活真的避免不了各种阻挠与挑战。可是，你可以让自己先安静下来，聆听心灵的声音，让心灵来告诉自己坚持的理由。或许，到人生的最后，我们才会发现，原来，心灵抵达的地方才是终点，脚未行，心先动。

晚熟果子的香甜

加拿大不列颠哥伦比亚省温哥华，天空如同一片蓝海，她的心情却非常糟糕，落笔也变得格外艰涩。于是，她驱车来到那幢年久失修的房子跟前，那个男人依然在。他就坐在屋后的走廊上，光着上身，伏在一台打字机上，周围游荡着几只猫。是的，8年了，不管是下雨还是晴天，他每天都坐在那儿写。"嗨，先生！您写了这么多年，也没出版过什么集子，这不是一件令人沮丧的事吗？"男人停止敲击键盘，抬起头，露出一口雪白的牙齿，指着院中一株挂青的柿树，笑着说："亲爱的，晚熟的果子格外香甜，我在等待我的果子灌满浓郁芬芳的浆汁。"

回家的路上，她的心中豁然开朗，又带着一丝羞愧，她哪能向自己所爱的伸手要荣誉呢？尽管从事写作，于她而言，就是一场家庭主妇的文学逆袭。她无数次给出版商寄出小说手稿，却都在几周后被退回到她的邮箱。这个男人，她简直怀疑就是上帝的化身，鼓励自己写下去。

"门罗太太！有一个不幸的消息⋯⋯你的母亲，被上帝接去了！你先生刚出去，他托我把这个消息转达给你！"刚到寓所门口，邻居沙莉太太就迎上来，她突然有一种头晕目眩的感觉。再看家中一片狼藉，大女儿希拉把油彩涂满脸，三女儿珍妮趴在地上，伸手打翻昨晚她精心熬制的果酱，此刻，她真有些后悔自己的叛逆。

1931 年，她出生于加拿大东部安大略省休伦县温格姆镇，她的幼年生活不太幸福。父亲从事狐狸和貂的养殖，母亲是一位乡村教师。她 9 岁这年，母亲被诊断出患有帕金森综合症，整个家庭陷入贫困。上学期间，她做过女招待、烟叶采摘工和图书管理员，同时她迷上了写小说来抒发对现实的不满。1949 年，她考上西安大略大学，终于逃离那个家庭。1951 年，年仅 20 岁的她，以大二女生的身份，毅然退学，嫁给了她的同学詹姆斯·门罗，只因那个大他两岁的男孩儿，信誓旦旦："我愿意带你去西海岸！"

婚后的她，跟随丈夫离开西安大略大学来到不列颠哥伦比亚省。第二年，她的大女儿出生，随后她又生了两个女儿。不过，二女儿在出生后不到一天便不幸夭折。当时，还没有洗衣机类的家电，她忙里偷闲，在孩子的呼噜声旁，或者在烤东西的间歇，赶紧写上一句半句。令人窒息的生活中，写作成为她的唯一救赎。

当年，她离开家的时候，母亲已经无法自己穿衣、梳头。自己有了女儿以后，她开始理解和同情母亲。可是，现在母亲竟然永远地离开了她……

正如她所料，晚上，丈夫回到家脱掉外套，便跷起二郎腿，无事般摊开一份报纸。至于她请求回家为母亲奔丧一事，丈夫鄙夷地说："我最讨厌的，就是这些所谓的正统礼数！难道你去了，就能把你母亲从上帝那儿解救出来吗？再说了，她躺了这么多年，现在岂不是最好的解脱？"她心中狂奔的泪水，被丈夫的冷漠瞬间结成一道冰河。是啊，她在温哥华举目无亲，两个孩子还小，无人可以替她照看她们。再说，她几乎付不起旅费。得不到丈夫的安慰和支持，她不得不放弃参加母亲的葬礼。

自此之后，她和丈夫的关系更加冷淡了。家务之余，她专心干写作，克服了年轻妈妈的抑郁，顽强地拓展纸上空间。她坚定地认为，人只要能控制自己的生活，就总能找到时间。她从自己和母亲身上寻找灵感，精确地记录从少女到为人妻为人母，再到中年与老年的历程，捕捉心里的波折与隐情，描摹那种复杂难解，看似脆弱，却又坚忍顽强的精神。

1968 年，加拿大女权运动正处于高峰。她终于出版了第一部处女作短篇小说集《好荫凉之舞》，一举拿下加国最高文学奖——总督奖。这部作品花了她前后 15 年的时间，此时她已经 37 岁。三年后，出版《女孩与女人们的生活》，荣誉接踵而至。此时，她的婚姻却走到了尽头。

1972 年，离婚之后的她，回到了出生地安大略省，成为西安大略大学驻校作家。在一次舞会上，她邂逅了大学时的老朋友，地理学家杰拉德·弗雷林。一开始，两人都有些紧张，不过，喝了三杯马天尼之后，他俩很快就熟悉起来。第二天，她便收到了杰拉德·弗雷林的求爱信。"如果你能同意我保留前夫姓氏的话，一切皆有可能！"她用疑惑的目光望向弗雷林的眼睛。"我仰慕你的才华和坚忍，爱情不以姓氏为界限，我同意你以门罗太太的身份嫁给我！"弗雷林的真诚融化了她心中的坚冰，那是 1976 年。

　　两个人都喜欢低调和安静。她和丈夫隐居到克林顿镇——杰拉德·弗雷林的出生地，一个 3 千多人的小镇子，离她的出生地温格姆也很近。很少有人知道她是一位享有国际盛誉的作家，只晓得弗雷林家住着一位奇怪而又亲善的门罗太太。对于打桥牌、网球，她表示羡慕，但是却不去学。有时间，她会对着窗外火红的糖枫静思凝想。

　　此后 20 年来，她每隔二三年便会出版一部短篇小说集，写得很慢，但保持着稳定的节奏。通常是早上起来喝点咖啡，然后开始写，中途休息一下，吃点点心再继续，每次写 3 个小时左右。她也经常修改已经完成的部分，会为几个词而反复纠结很久。每当焦躁的时候，她夸赞自己是最有耐心等待果子成熟的人。

　　至今，她已出版 14 部作品。她就是现年 82 岁的加拿大克林顿镇老妪艾丽丝·门罗，2013 年诺贝尔文学奖的获得者。

2013 年 10 月，自瑞典首都斯德哥尔摩打来获得诺奖的电话，艾丽丝·门罗竟没有能亲自接听。瑞典文学院的秘书认为，作家们在这一天，都有足不出户等电话通知的习惯，而她却去女儿家看望宠物狗芭芭拉，吃过晚餐后美美地睡了一觉。

获奖第二日，门罗让女儿开车带她再去那座年久失修的房子跟前，她要当面向激励过她的那位男人道谢。是他给予了她的启示，使她获得如此殊荣。男人早已不在，栅栏内的柿树蓬勃生长，挂满一盏盏淡黄色的小灯笼。当门罗失望地离开，刚踏进家门，邮差却送来一封未署名的信，信中写道："亲爱的门罗太太，恭喜你获得诺贝尔文学奖！我也有两部作品，即将出版。晚熟的果子，格外香甜，让我们共同品尝这份喜悦。"

陶醉于每一点感动

滨江公园的杨树林里有许多退休老人组成的音乐小团体，三五成群，或是七八人一帮，有的水平高点，有的水平一般，但都感觉良好，每天吹拉弹唱将这里的氛围搞得热闹非凡。

前几天我在江边散步，被一位老头吸引住了。他站在合唱团外围的台阶上，一边打着拍子，一边引吭高歌，老人一脸沉醉，那架势，仿佛乐队就是为他服务的。

可事实是，这位老人穿着寒酸，一张饱经风霜的脸不但黧黑，而且胡子拉碴，很是邋遢。从放在他身边的两个编织袋可以看出，他是个捡垃圾的。他的脚边，就放着几个踩扁了的饮料瓶和易拉罐。这个捡垃圾的歌者，显然是个"编外人员"，与合唱团并无关系。他的唱法是那种老式的唱法，像民歌又像美声，嗓音还算不错，只是其陶醉的神情和其寒酸的衣着很是不配，看上去有几分滑稽。因此游客们都停下来围观，议论纷纷。也有人投去嘲笑鄙夷的神情。

母亲常去滨江公园锻炼，回家后我便向母亲八卦起那位捡垃坂的歌者。母亲说，这老头，她知道。起初，因为穿着破旧，各个团体的大爷大妈都对他颇有微词，觉得和这样的人在一起唱歌有些掉价。但因为是公共场所，似乎也没有什么正大光明的理由可以把他赶走，大家也就睁只眼闭只眼，由他去。既然他爱唱歌，愿意陶醉，那就让他陶醉好了，反正谁也不认识他。

母亲说，那老头的确是懂音乐的，他听得出哪家的二胡拉得好，哪家的手风琴弹得好，他是自由人，不受谁的约束，哪家水平高，他就往哪去。时间一长，这老头倒成了试金石，他去哪里，就说明谁家的水平高，人气旺。渐渐地，这位陶醉于音乐的捡垃圾的老头，也就成了滨江公园里的"一大风景"。

"生活是需要对比的，"母亲说，"捡垃圾的老头如此寒酸，都懂得陶醉，我们这些拿退休金衣食无忧的人还有什么值得抱怨、喋喋不休呢？是不是更该珍惜，把日子过得真性情呢？"

人有贫富贵贱之分，但心灵是自由无疆的。捡垃圾的老人，他境遇寒酸，但他对音乐的陶醉，又何尝不是心灵的休憩，是尘土里开出的花朵。

生活本来就很简单

那天路过某家陶艺馆，本来，只是进去玩玩的。

李老师就坐在馆中一隅，两条麻花辫，一身素净的衣服，套了条宽大的围裙，一裙子的黄泥巴点点，显得她无比瘦小。

后来才知道，她也算是半个新人，来馆里才几个月，半打工，半学习，不要薪水，管吃管住就成，顺便看馆。我就跟着她从零学起，没几分钟，我就气急败坏地对她喊："不行不行，又坏了。"

她教我："静，首先要安静。"

于是学她，深呼吸，调整心情，泥巴慢慢在手中活了。

中午吃饭，我边洗手，边叫她："不如一起喝个茶？"

她没有拒绝，却带我去了楼上她的"工作室"，也是她栖身的小房间，不足十平方米。

真正的陋室，除去一些书籍和必需的生活用品，洁净的房间里简直别无他物。

茶是她的朋友从外地寄过来的，香甜醇厚，茶香氤氲，她说，明年我就去武夷山学做茶。我又一次惊讶得合不上嘴。我结结巴巴：
"那你靠什么生活呢？"

她抬起头看着我说："生活本来就是很简单的事情啊。"

这句话的意思，我花费了半年才明白。

一天，某朋友临时来西安游玩，我匆忙赶到机场接机，意外发现此刻本该在外地出差的老公，正和某女子在机场大厅甜蜜相拥。

突如其来的变故让我错愕在当场，我平日里引以为傲的幸福，像一个肥皂泡，经不起指尖轻轻一戳。

我只好去了李静家，像一只失魂落魄的狗。那天晚上，她把我包裹在一床毯子中，陪我坐在沙发上。我的眼泪一直流，她什么也没有说，只是偶尔递给我一块热毛巾。这适时的温暖，像一只熨斗，慢慢熨平我满是皱褶的心。

晚上，她给半干的陶器绘画上色，我则坐在一边心事纷乱地看书。其实，一个字也看不进去。

休假的时候，她便邀请我采土做陶。做陶的时候，才觉得慢慢看清楚和靠近李静这样的女人。

没有感情缺失的患得患失，没有物质上的渴求。只有陶。真的如她所言，生活可以简单到只剩下几件事。

我突然醒悟。我为什么还要纠结于一个已经不爱自己的人呢？

我和老公办完离婚手续。辞掉了别人艳羡的工作，用全部积蓄开了一家小小的咖啡馆。养了几只捡来的流浪猫，窗户边，种下的绿植，都是李静送我的种子。

从小到大，我没有为自己活过一天，每条路，都事先被选择，被安排，我只是顺势流动。但是，李静的出现，让我有了自己的河床。

她又去了武夷山。告诉我，这次为了学做砖茶，没有白跑一趟，修成正果啦。

一个女子存活于世的安全感，并没有设置的那么多，或者，只需要一点点，就够了。

奥修说，不安全就是自由。

我想，他是对的。

人生需要钝感力

　　毕业两年，我已经先后换了 4 份工作，而每次促使我离职的都不是什么大事。比如我的第一份工作是在某广告公司做文案助理，开会的时候主管偶然拿过我的笔记本扫了一眼，开玩笑说作为一个中文系研究生你这字儿可真有点拿不出手啊！当着所有同事的面，我顿时羞得满脸通红，此后便总是躲着主管……还有一次，我穿了一套浅粉色套装上班，行政部的大姐看见我后竟然说了一句："你怎么穿这个颜色的套装，看上去就像城乡接合部里的小大姐……"一旁的同事哄然大笑，我顿觉颜面扫地，此后一直对此事耿耿于怀，甚至产生了离职的想法。

　　其他几份工作，也和上述的情况差不多，要么就是领导太过苛刻，要么就是同事们的行为让人难以忍受，逼得我不得不离开令人窒息的工作氛围。一来二去，我就成了传说中的"跳跳族"。

　　同学聚会的时候，我忍不住向大家抱怨公司的同事都是极品，其他人也纷纷附和，只有老同桌李纯说："这样看来我还挺幸运的，公司的氛围还不错，同事之间也相处得挺融洽。"得知我有意换工作，李纯便告诉我她所在的公司正缺一个策划，如果我愿意，可以把我介绍过去。我便开心地答应了。

一个月后，我跳槽到了李纯所在的公司。没过多久，我就发现，那里的工作环境并不像李纯说得那样单纯。比如吧，业务部的几个人总是面和心不和，背地里常常不露痕迹地相互贬损；前台小妹也不是盏省油的灯，特别喜欢见风使舵；还有李纯嘴里的靠谱老板，其实就是个爱慕虚荣的家伙，他身上的阿尼玛一看就是 A 货……

当我把这些"新发现"告诉李纯的时候，她竟然有些不以为然，不相信地说："不会吧？我看业务部的人挺团结的，前台那姑娘也很勤快。还有啊，你没事老看老板的衣服干吗呀，你要认真听他说什么……"见李纯有些一根筋，我顿觉话不投机，也就没再说下去。

没几天，又发生了一件让我瞠目结舌的事情：周一下午，李纯跑去向老板汇报方案，老板大约是在哪里受了气，李纯就撞在了枪口上。老板当着几个新同事的面劈头盖脸把她骂了一顿，还抛出了"我真怀疑你脑子是被驴踢了，一个高中生做出来的东西也比你强"、"我要是你，早就找个窟窿钻进去了"这样极具杀伤力的话。当时别说是李纯，就连站在一旁的我也感到窘迫不安，心想这下李纯可窘大了，当初她还在我面前夸老板来着，这下真要钻地缝了……

没想到第二天在茶水间见到李纯，她竟然还是一脸平静，好像昨天那件尴尬事从未发生过。我不免感叹李纯强大的承受能力。慢慢地，我发现李纯确实非常不简单，她不怎么受他人态度的影响，有时候遇到讽刺或者调侃也只是一笑置之，然后该干吗干吗。比起她的神经大条，我就显得有些玻璃心，一遇见不友善的态度就会如坐针毡，还特别留意一些无关紧要的小细节，为了一点小事而反复纠结，甚至屡屡产生逃离所在环境的念头……

有一次我忍不住问李纯："我发现你的内心真的特别强大，所以不会受到负能量的干扰。能不能教教我，怎样才能变成你这样的人，让自己不再那么爱纠结？""我其实不是内心强大，只是比较钝感而已。"李纯想了想，认真地说。

"钝感？那是什么意思？"我忍不住问道。

"打个比方吧，两个人都被蚊子咬了一口，很快起了一个包，A的皮肤比较敏感，就不停地抓啊抓，最后皮肤就溃烂化脓了，进而患上了湿疹；而B呢，就比较钝感，他虽然也觉得有点痒，却没有当回事，身上的包没多久也就消了。所以说，如果你钝感一些，那些杂七杂八的事情自然困扰不到你。"

听了李纯的话，我恍然大悟：原来我的问题不在于工作环境太糟糕，而在于我太过敏感。从那一刻起，我便决定要向李纯学习，修炼职场钝感力，让自己变成一个对环境不那么敏感的人，将更多精力用在完成工作本身。

如果再活十年

　　我有一位老同学，因为 6 年前一次生意上的失败，不仅赔光了所有家底，而且连他的妻子也变了心，跟别的男人跑了。那段时间，他终日以泪洗面，借酒消愁，甚至割脉自杀，所幸被他的妹妹及时发现了。

　　后来好几年，我们谁也不知道他去了哪里。

　　没有想到，在最近的一次同学会上，我竟然再次和他相聚。老友相见，我们各自说起了几年来的生活。他告诉我说，当时确实很想一死了之，后来也不知为什么，突然很想知道，如果再活10 年，自己会是什么样子？

　　他开始尝试着想像已经过去 10 年，心里竟轻松了许多。他想这 10 年时间，足以让他创造出更多的财富，甚至收获更美好的爱情。他意识到现在所承受的所有打击，10 年以后回头看，可能都算不上什么！

　　接着他开始振作，带着仅有的一万块钱到广州重新创业，终于一点点地创造出了属于自己的新生活。

他对我说这些的时候，我不经意间看见了他手腕上的那个疤。大概是我眼神的缘故吧，他也不由自主地把那只手腕抬上来，轻轻抚了几下，羞愧地笑了几声，轻描淡写地说："那时候真傻！"

是什么让他变了样？是时间吗？好像是，但又不全是！如果不是他当初用全新的眼光来看自己，或许他永远都无法意识到那些挫折"算不上什么"。也就是说，最大的可能是他将继续颓废下去，丧失斗志，甚至放弃生命！

我的老同学，他用一种 10 年之后的眼光挽救了自己！

同是一个小硬币，贴到眼前可以遮住全世界，扔到地上，却只能挡住一粒芝麻。

到 10 年之后看自己，面对失败，我们能获得更多的勇气和力量；面对荣耀，我们能多一份淡定与坦然！

沙漠传来的驼铃声

在非洲北部，从大西洋沿岸直到江海之滨，横亘着一片浩瀚的沙漠，那就是著名的撒哈拉大沙漠。它的面积达 900 多万平方公里，范围之大，远远超过世界上任何其他沙漠。

那是一个令人不可思议的沙的世界。除了个别点状的绿洲之外，到处都是沙、沙、沙。一座座高大的沙丘，犹如金字塔一样巍然耸立着；一条条平行排列的沙垄则高达 100 多米，绵延数百公里之长；纵横千里的大沙海，更是令人望而生畏，差不多成了生命的禁区……

然而，在那些残酷的环境里，那些商旅驼队千百年来一直未停下跋涉的脚步。他们引领着驼群，载着那些游牧民生活的必需品，从一个绿洲奔赴另一个绿洲，绵延不断。

悠扬的驼铃，在沙漠上空飘荡着。陡然之间，那片死气沉沉且浩瀚无边的沙漠仿佛活了起来，它们开始充满生机。从远方传来的驼铃声，在那些游牧民的心里，更是一首无可比拟的最美的乐曲。

驼铃的行程，注定是充满艰险的。撒哈拉沙漠的气候严酷至极，往往连续半年滴雨不落。白天，在烈日的炙烤下，气温骤升，整个沙漠如同火海。而一到夜晚，温度骤降，有时竟低到零下十多度。

在这种温差剧烈变化的气候下，沙丘由于急剧地收缩和膨胀，大堆的沙粒脱落下滑，就像雪崩似的从高坡上滚落下来。那闷雷般的隆隆巨响，在空旷的沙漠上经久不息。

此时，希望的驼铃声早已被沙漠的轰鸣给湮没了。但是，这丝毫阻止不了驼队前行的步伐。当沙漠将最后一口怨气发泄完毕，伴着远处岩石爆裂的声响，驼铃的声音再一次飘荡在天际。它穿透了孤寂，穿透了死亡，也穿透了沧桑的岁月。

或许，沙暴才是驼队最严峻的考验。突然降临的沙暴，令人无法预料。漫天飞沙，欲将所有生命的印迹给彻底地掩埋。驼铃已经停止，只有匍匐在地上的驼峰，在与飞沙的摩擦对抗中，显示着一种不屈向上的力量。

这是一支驼队必须经历的考验，也是无法避开的考验。那些驼队的主人，只能在心里祈祷沙暴平息，祈祷每一匹骆驼都能化险为夷。但是，他们从来没有回头的念头。

在沙暴过后，他们像所有的骆驼一样，从沙尘里爬起来，以一种千古不变的姿态，抖一抖身上的沙土，继续前行。

　　被沙暴侵袭过的驼铃，在悠扬的声音里多了一些苍凉与悲壮。

　　真正令驼队感到恐惧的，是那些被称为"死亡陷阱"的流沙。当一匹骆驼不慎踏入流沙的范围，那些看似静止的、平缓的流沙，突然会翻卷地张开魔鬼似的大嘴，将猎物吞噬得无影无踪。只有一声驼铃的残音滑过沙尘，证明着刚才发生过的一切。有时候被吞噬的是一匹骆驼，有时候是一支驼队，有时候则只剩下一匹孤独的骆驼在遥望着天际，不知该去何从。

　　误陷入流沙，则意味着死亡，但也会有奇迹发生。那些从流沙中脱险的商客，仍会牵引着驼队前行，仿佛刚才经历过的不是一场生死之劫。但是，他们会告诉后人，哪个位置接近流沙，曾有几匹骆驼或半支驼队被流沙吞噬过。他们还会告诉后人，在误陷入流沙的时候，你就是拯救自己的上帝！

　　沙漠里的驼铃，就这样穿透了千百年的风沙，一直回荡在人们的灵魂深处……

上善若水

　　每一滴水都是圆的，水比所有的东西都看重圆满并保持圆满。水珠将滴未滴之际，是瞬间的椭圆，坠下马上修复成为标准的圆。水滴在空中坠落，水分子拉紧了手，绷紧了身上的衣衫。每一滴水都抱着如此大的力量和信念——保持一个圆。圆不会分散，圆没有残缺，圆可以保持自己的力量又借助别人的力量。水在空中被打碎，化为新的水珠，新的圆。把水称为兄弟何等准确，它们用看不见的手抱在一起，不分离。

　　水透明，人看不清水的容貌和水的个体。所谓"水分子"只是科学的一种说法。每滴水一定有小到人眼看不见的身体，它们彼此相识相亲，不分你我。

　　把一碗水、一壶水、一桶水倒入河水江水海水里，它们瞬间融合，找不到过去的"我"。水有神奇的融合能力，不固执、不拘泥、不自我，最在意和合。把瓶里的水倒入有水的杯里，分不出先后，它们如同自古以来就在一起，没区别。

相比较，人的融合最难。与其说性格难合，不如说文化难合，文化所包含的真实与虚伪、虔诚与诡诈、信仰与傲慢，让每个人都抱着自己的文化和利益绝不妥协，宽容在大部分情况下是一句空话。有的夫妻过了一辈子还在争吵，文化或价值观把每一件事都变成导火索。人看到水的融合会不会自省？只要是水，一杯脏水倒进干净水里，也会被均匀地淡化与净化，干净水慷慨地接纳了"脏水"，使它们比原来清澈一些，尽管水的整体浊了一些。

天下没有比水更加包容的物体。水无差别，无分别，水尽最大力量维持着平衡。水比钢铁坚硬又懂得温柔，水动驰万里，静守千年。人不知水的衣服在哪里，波浪是水奔跑的身姿却不是它的衣服。有一天，冬天洋井的铸铁包了一层透明的膜，是冰，这就是水的外衣。水最巧，这一层冰多么薄、多么均匀。水可以分成多少层呢？它可以分成无数层却不分层。"浑然一体"这个词最适合于水。

水不挡光。生物的生长离不开阳光。阳光对植物而言，不只是温度，还是能量，像粮食一样。水的透光性保证了水中生物的生长。水无私，生育万物。

我们抓不住一滴水，更没办法用手捧着水走过千万里。水爱自由，它不想成为人的装饰或附庸。但人们身上有水，血液中99%的成分是水。这些水里携带着人赖以生存的氧气，含着把水变红的血红细胞。血水运送人体的养料和废料。而人体细胞内有更多的水。水做的女人是《红楼梦》的说法，水做的人是上帝的说法。我们生活在身体的水中，但我们还是不像水，像我们自己。

你，不要挤！世界那么大，

它容纳得了我，也容纳得了你。

世界那么大，别挤

生命是一场漫长的马拉松赛跑，

最终比的是耐心、毅力和恒心，心怀的训练，

应是我们长久的、一辈子的修行与事业。

利用你的美好

　　每个人的心里至少都有一份美好。它肯定是光鲜的，灿烂的，闪着迷人的光泽，散发着奇异的芳香。

　　美好因人而异。对农民来说，丰收的庄稼就是他的美好；对工人来说，质量上乘的产品就是他的美好；对作家来说，受读者欢迎的作品就是他的美好；对科学家来说，新的发现就是他的美好；对运动员来说，前面的桂冠就是他的美好；对失足者来说，改过自新就是他的美好……由此可见，不管怎样的美好，都凝结了人们很多的汗水、心血、智慧和品格。

　　因此，从这个意义上来说，美好就是付出后的回报，是实现了的愿望、梦想，是抵达了的缤纷彼岸，是脱胎换骨后的醒悟、进步……

　　由此可见，美好不会从天而降。古人云："梅花香自苦寒来。"世上一切美好事物的降临几乎没有不经过一番苦痛的。因此，要想拥有美好，就必须要走一段段的路，虽然这路是艰辛的、坎坷的、泥泞的，甚至是布满陷阱的，但是只要我们能够走出来，它就成了成功之路——那时，我们就会真正拥有美好。古今中外，大凡做出过一定成就的人们，比如司马迁、邓稼先、爱迪生、霍金……他们都是这样走过来的。

我比较喜欢的一位作家——斯蒂芬·金，他最大的特点就是勤奋。据说他一年只有三天不动笔：生日、美国独立日和圣诞日。就凭着这种勤奋和毅力，数年之后，他把自己推到世界恐怖小说大师的位置上。还有我国的梁漱溟，也是凭着勤奋好学，从一个中学生"升级"成为一个文化大师。

他们的结果是名副其实的美好。当然，这美好都是他们自己创造的。

由此我们不难悟出：美好有两种，一种是外在的，比如前面的目标、愿望、追求、向往、梦想等；还有一种是内在的，比如我们的勤奋、执着、信念、坚强、品质等，而且能用后者去交换前者，也就是说，用美好交换美好，这样的交换，一生可以进行一次或多次。但是那些懒惰者、不思进取者、游手好闲者，一次这样的交换也不会有。因为他们没有交换的"资本"——内在的美好。

可是，人生的路不是一马平川的，总有这样或那样的坎坷不平，因此我们必须拥有足够的坚强、乐观、豁达……也就是说，我们要保住自己内在的美好，才能把遇到的"沟壑"给搭上桥，只有这样，才能让自己的美好一路前行，跟前面的美好成功交换。

有一本书叫《是的，你能》，作者是毕维斯，内容写的是他自己的奋斗过程——他原本是个优秀播音员，有一天，与老板发生口角，被老板解雇了，当时他心情相当沮丧，但是，过了不久，他就想开了，对爱人说：我终于有了自立门户的机会了，紧接着，他迅速成立了一家自己的传播公司，不久后他凭借着自己幽默的主持风格，制作了一个"风趣人物"的节目，并亲自主持，数年后，他就成为美国电视荧屏上的风云人物，取得了辉煌成绩。

毕维斯为我们树立了一个很好的榜样——在挫折、不幸面前保住自己内在的美好，即守住自我，这才是王道，因为世上最强大的敌人是自己，把自己彻底战胜了，还有什么不能取胜的？至于美好与美好的交换更不在话下了，甚至会接二连三地进行。

用心看世界

　　很认同这样一句话：用眼看世界，世界很渺小；用心看世界，世界很博大。是的，"心有多大，世界就有多大。"只有用心看世界，才能看远，补目力之拙，览博大于胸；只有用心看世界，才能看透，拂去浮华，参透实质，继而了然于胸，超然物外；只有用心看世界；才能看淡，情在心中，心在世外，一切原来如此美丽、如此简单。

　　用心看世界，重要的是今天的心境。昨天林林总总、烦恼恩怨已随昨夜的微风逝去，不管是木已成舟还是流水落花，都已成过去式。木已成舟最好顺其自然，流水荡花追也没用。明天的事情毕竟还没有发生，着急担忧于事无补，后天我们总会知道结果。明天如天气，可预料，但也经常出乎意料，而人生所求，常常又是意料之外偶然得来的。不是吗？包括我们自己，也是偶然的产物，有哲人说，先处理心境，再处理事情。一点不假，心境的好坏，会让面前的世界出现天堂与地狱之分。"人可鉴于止水，不可鉴于流水。"若水不静，折射的世界也必然是扭曲的。

一则微博列出使人心静的几种方法，很实用：最重要的是今天的心情；不要自己跟自己过不去；用心做自己该做的事；不要过于计较别人的评价；每个人都有自己的活法；喜欢自己才能享受生活；不必一味讨好迎合别人；烦心这事不妨暂时丢开；自己感觉幸福就是幸福。当然，人各不同，方法自然也多种多样。比如：推开窗子深呼吸，握紧拳头大笑几声，效果都不错。

其实，人人都应该明白这样的道理，心结只能自己解，心痛只能自己疗，好心境是自己创造的。中国一部哲学史，某种程度上就是一部"心境创造史"。老子创造了"无为"，孔子创造了"中庸"，庄子创造了"逍遥"，墨子创造了"兼爱"、"非攻"，佛教禅宗创造了"觉悟"、"忘我"，郑板桥创造了"难得糊涂"，所指都是"心境"，核心都是"用心"。《菜根谭》有言："风来疏竹，风过而竹不留声，雁度寒潭，雁去而潭不留影。故君子事来而心始现，事过而心随空。"这既是处世之道，更是养心之道。

用心看世界，世界很博大，用心悟世界，世界很精神。也许我们无力改变这个世界，但我们可以改变我们的内心。

这个世界只有回不去的，而没有什么是过不去的。台湾星云大师说："春天不是季节，而内心；生命不是躯体，而心性；人生，不是岁月，而是永恒；云水，不是景色，而是襟怀。"依此可言，世界不是状态，而是心境。尽管世界很复杂、迷离、多变，但一切如花，花如一切，所以，佛祖拈花迦叶笑，仅此而已。

永不过时的美丽

读书的女人，永远是一份不过时的美丽。据说某女作家的前夫想复婚，她回复说："到后面排队去。"确实，一切内在之美，集合成女性魅力之本。

高尔基说："学问改变气质。"读书是气质、精神永葆青春的源泉。读书的女性，不管走到哪里都是一道风景。也许她貌不惊人，但她的气质却是从骨子里透出来的，谈吐不俗，仪态大方。爱读书的女性，她的美，不是鲜花，不是美酒，只是一杯散发着幽幽香气的淡淡清茶。近年来医学研究也发现，读书是一种保持精神愉悦、健康长寿的有效方法。读书，能使浮躁的心变得宁静，狭窄的视野变得开阔，大大有益于性情的修养和内心世界的充实。书海就像一个百花园，随时供给精神营养。

宋朝黄庭坚也曾说过："士大夫三日不读书，则义理不交于胸中，对镜觉面目可憎，向人亦语言无味。"英国的培根也对读书做过这样的概括："阅读使人充实，会谈使人敏捷，写作与笔记使人精确……史鉴使人明智，诗歌使人巧慧，数学使人精细，博物使人深沉，伦理使人庄重，逻辑与修辞使人善辩。"书读得多了会潜移默化地滋润人的气质。"腹有诗书气自华"，由心到形，"相由心生"，这种美比起外表美来要耐看得多，正如伏尔泰所说："美只愉悦眼睛，而气质使灵魂入迷。"好莱坞的著名明星简·方达说得更为简洁："书香是最好的美容剂。"

让我们来看看杨澜。无可争议，杨澜是当今中国最出色的女性之一。问杨澜什么改变了她的命运？她脱口而出的是，知识改变命运。杨澜不认为自己是一个充满灵感的人，所以她非常重视采访前的准备工作。1999年在上海采访《财富》杂志主编时，开始那位主编态度并不十分认真，但聊着聊着，他就不得不认真对待了，因为杨澜当时的提问已经具体到："在你就任主编之后这十几年当中，世界财富前10名的排列有过什么样的变换？这些又集中反映出国际产业结构有什么样的调整？而那些被换下去和换上来的大企业领导，又是怎么面对这种变换的？"在随后30分钟的采访中，洋主编很吃惊地说：真没想到你的"家庭作业"准备得这么好，在你之前的采访，别的记者一直都在不断重复着同样地问题："你对中国是什么感觉"，"你对上海有何感想"。

接受过杨澜采访的英特尔总裁安迪·格鲁夫（Andrew S·Grove）曾总结说，他来中国有两件事出乎意料，一件就是看到联想第一百万台电脑下了生产线，第二就是没有想到中国有这么出色的记者。确实，个人的优良素质是杨澜的幸运之源，一路走来，她一直用心，努力，从不对现状满足。

我们有理由坚信，魅力不单单是容貌、装扮等外部表现，女性身上独具特色的气质、学识、性格等内在美，其魅力更是无法比拟的。一个始终关注着自己内在成长的女人，她的心灵质量必定不断丰厚。花容月貌终会随着时光渐渐老去，唯有体现内在美的力量可以长久不衰且与日俱增。新颖的设想、渊博的学识、睿智的话语，是任何一位美容师所无法创造的。

再多走一步

　　我们是生命的行者，淌过时光的长河，翻越季节的山峦，追寻缤纷的落英、芬芳的青草，但我们常被困难的沟壑绊住，倒在苦难的岸边。殊不知，如果我们能再多走一步，也许就是一个茂林修竹、草暖莺飞的世外桃源。

　　再多走一步，意味着在事业上迎来"长风破浪会有时，直挂云帆济沧海"的辉煌。

　　著名编剧六六早年在新加坡工作，她和自己的两个朋友一起做最普通的家教，拿着新加坡的最低工资，扣除吃饭和坐车的日常开销费用，经常连房租也支付不起，每每躺在地铁站中过夜的困窘生活令六六的两个朋友不堪其苦，终于先后离去，唯有六六坚持了下来。正是由于她的坚韧与努力，她在新加坡的收入开始稳步提升，终于逐渐的和大学教授齐平，同时这不平凡的阅历，也为她的创作积累了素材。

　　冰心曾说："人们都羡慕花儿开放的美丽，却不知她开放时洒下的血与泪。"当六六的两个朋友在家中艳羡地看着电视台对六六进行专访时，她们哪里知道，正是因为在新加坡六六比她们多走了一步，才会取得了今天的不凡成绩。

再多走一步，意味着在生活中迎来"山重水复疑无路，柳暗花明又一村"的喜悦。

英国一位平凡的磨镜师日复一日地做着磨镜的工作，在人们认为他这一生就要在枯燥乏味的磨镜生活中度过时，他却并不气馁妥协，仍旧精心钻研磨镜技术。

终于有一天，他磨出了世界上第一个显微镜片，带领人们走入了微观世界，同行羡慕于他拥有会见英国女王的荣光，却不曾知晓，正是因为他凭借着自己的细致与耐心，在生活中多走了一步，才取得了举世瞩目的成就。

再多走一步，意味着在文学创作上"笔落惊风雨，诗成泣鬼神"的惊叹。

中国近代动乱的历史上，曾涌现出一批文学斗士，而像老舍这样的平民作家却少之又少，他创作的《骆驼祥子》，因为贴近生活，生动地描写了人力车夫在困苦中挣扎的生活而引发轰动。

其实关于人力车夫这个题材，鲁迅等作家都曾有过创作，但他们往往止步于知识分子对劳动人民的同情和对社会黑暗面的批评，老舍却对这类人群做了深入细致的研究，广泛地收集资料，厚积薄发，最终绘成了北平世俗生活的动人画卷。

　　再多走一步，可能是生活中的一小步，但却可能是改变命运的一大步。

　　再多走一步，是一种坚持不懈的不断努力，是一种不放弃不抛弃的可贵精神。

　　再多走一步，或许，成功的桂冠就在不远处守候，等待在你走过磨难仍在坚持的旅途上。

简单与深邃

简单，深邃？你更喜欢哪一个状态？如果少年，还青葱懵懂，一定选择深邃——最好连自己都永远不懂自己。一定要看外文书，知道尼采、康定斯基、萨特……知道那些与自己隔着灵魂与皮肤的东西。用外在来装饰内心。

而经过风雨种种和光阴浸染，你所选择的，必是简单扼要。一杯茶，一个人，一轮明月。如钱钟书，再大的官员请他去吃饭，他说："抱歉，我没时间。"他是在尊重时间，不虚度任何一分一秒。

有人谈简单与深邃，导演侯孝贤谈得最好："即使拍最简单的东西，让懂的人看得很过瘾，不懂的人也觉得很好看，那就是简单与深邃……"

他拍电影，从来没有先选好剧本，有时候倒是看到某个人，给他灵感，于是拍了这个电影。

比如看到舒淇，他看到舒淇的张力，那种隐忍在心中巨大的张力，于是有了《千禧曼波》。舒淇演她自己，曾经的堕落，不甘。

曾经的惨绿青春……她在简单中找到了另一个自己。那是真实的舒淇，坏得纯粹而干净。

又有一次，他看到年轻时的伊能静和另外两个男孩儿走出来，三个年轻而叛逆的少年，他立刻产生了冲动。拍了《南国再见，再见》。那种密度，质感，那种张力……电影是简单的，也是深邃的；人是简单的，也是深邃的。命运是虚幻的东西。

年轻的时候，大概总会喜欢一个人。

写一些很厚的信，用红笔用篮笔，信纸是细心挑过的。朱红的印迹，轻轻地放上自己的吻……以为这爱很厚很重。其实是自己最简单的心放在最年轻的风里，慢慢地吹着。是自己与自己的恋爱。爱上爱情这回事，或者爱上了那段时光里的自己而已。

深邃的时候反倒无言。

成熟的爱情，一定是中年以后。无言，不表达。但是，心里那样明了，是老于世故后的从容与简单。那时的简单，已经是天地清明，属于更为内心的简单，也绝非真正的简单。

在慢里，有一种从容，有一种简单。

我的朋友乔叶说："在我的意识里，精神生活从来就是慢的、低的、轻的，慢得像银杏的生长。因这慢，我们得以饱满和从容，我们得以丰饶和深沉，得以柔韧和慈悲。慢是人性的本质，是心灵的根系，是情感的样态……"

多好呀。简单也是，不是真正的简单，而是力透纸背的那种厚。深邃也是——一个人走在街上，任风吹着。一个人，在生命的河里游着，不知道对面是什么，可是，一定要游过去，也许到了对面才发现，对面的人也想游到彼岸去。

简单是一种老实的意境。不争了，不辩了，安然地过着日子。

深邃更老实。一步一个脚印才能深邃起来，褪掉了浮气，渐渐把内心充满，丰盈而踏实。

在翻看黄永玉《比我更老的老头》这本书时，我看到了静气、大气，没了锐气，只有安静的似水流年的声音。黄永玉和沈从文对话时，沈老先生说：日子过不够。经历过如此惨烈洗礼的人却说，日子过不够。我欢喜他对生命的喜悦态度，也终于活了86岁高龄。

他说："我只读到小学。"黄永玉也只读到初二。并不影响他们成为一代宗师，光阴赋予他们简单，如初生婴儿一样的简单，一生都如此。又赋予他们深刻，深邃中透出灵光。

采访大师裴艳玲，她谈起戏来每每至深夜而毫无倦意。以为深邃到无法呼吸，纠正我说手眼身法步的错误，法为何法？非常正式。但她简单到只吃几样小菜，馒头，葱头，大蒜……还喜养犬。两只大狗，三只小狗，分唤大宝二宝大眼小眼花花，大宝身形巨大，扑上来，搭在她肩上。他们深情对看，她说："来，来，我们跳舞——蹦擦擦，蹦擦擦……"她与自己爱犬跳舞，生动如少年。

她已 64 岁，还如此少年一样单纯。眼睛里全是干净与清澈。简单与深邃早已附体，既饱满又深刻，既说得清，又讲不明。

当然是这样。

活到一定境界，一定是似是而非。

见到江苏昆曲院周院长，第一面他便说：雪，你很简单。几分钟又补充一句：简单得非常饱满丰盈。

我引为知己。

又简单又深邃，我知道，这是一种非常美妙的状态。我希望它，早早来临。附于我的灵魂上，永不离去。

生命的弯曲

欲望总喜欢走猫步，总爱从生活的起点出发，取一条直线，直达目的地。就像一支箭，"啪"的一声射中靶心。走猫步的欲望很强势，很直接，然而，猫步毕竟只属于秀场，下了舞台，我们还是要沿着俗世里弯弯曲曲的路，迂回到达终点。

梦想和现实之间总有一段距离，没有谁可以让他们亲密接触，怀揣着梦想的火种出发的人，如果非要心急火燎地向终点直奔，势必会出现"撞南墙头破血流"的下场，正因为他们太心急，而被梦想的火焰自焚了心灵。

一味走捷径的人势必要误入泥淖，又有谁能说弯路不好呢？

凌霄花因为懂得绕路借势，才能爬到生命中高高的廊檐上看风听雨；河流因为懂得蜿蜒迂回，才能承载汹涌水流的冲击，百川东到海；弹簧因为懂得弯曲，才能承载数以万钧的压力；女人因为有曲线美，才能妖娆妩媚。

世界上没有不倒弯儿的生命，每一个关节正因为懂得弯曲，才能完成前进。我们往往都是通过行动上的弯曲，从而完成实践上的直线。

　　大自然中处处充满着智慧，蛇懂得摇摆身躯才能迅疾向前，飞鸟通过扇动翅膀才能翱翔蓝天，我、你、他总要通过这条路到那条路，然后在该邂逅的路口相逢。

　　太笔直的枝条往往很难绽放花朵，雪来的时候看一树病态的梅，那些躲在虬枝上的点点鹅黄，往往是能量积聚喷薄的表现。生命的版图永远不会是一条直线，弯弯曲曲才能勾勒出生命的特性美。

　　诗仙李白面对着怪石嶙峋的蜀道惊呼"多歧路，今安在"。命途崎岖，诗人真是找不到路吗？我觉得诗人这是在对现实撒娇，穿越时光的隧道，我们追古抚今，不也看到崇山峻岭之间，万千游人蜂拥着去看这些迷蒙的山景，去踏这些羊肠一样纠结的山路吗？

　　中国自古就有"直肠子"的说法，寓意一个人性情耿直，为人处世不设埋伏，其实，真有直肠子吗？没有！肠子直了，无法实现蠕动，我们的消化系统就要出问题，生命就会危在旦夕，看来，就连肠子也是要走弯路的，没有人能掰直生命的惯性。

　　中央电视台第三套节目的形象标志是一个由青藤幻化而来的"艺"字，这个"艺"字为什么非要写成繁体呢？我想，其中的深意不说大家也知道，就是为了实现观瞻美。其实，弯曲是艺术化的直，这是生命的审美，也是生活中一切事物的审美取向。

有弯曲才能找到直。生命是一张弓，弯路是它的弓背，弓背的弯曲才能积蓄力量，让弓弦的直显得有意义；生命是一篇小说，弯与直是这篇小说的明暗两条线索，有时候看似弯曲，实则笔直，这是生命的殊途同归！

羡慕

晚上散步，偶尔可遇到一位做官高邻。他几次对我说："真羡慕你啊！每晚都可以自由自在地散步。"一开始，以为他在嘲笑我，因为"一等公民天天有饭局，二等公民周周有饭局，三等公民从来没饭局"，他是几乎天天晚上都有应酬的"一等公民"，没理由羡慕我这个基本上没饭局的"三等公民"。可看看他日甚一日的大腹便便，步履蹒跚，我知道，他的羡慕是由衷的。

我身材不高，年轻时就因为这一点曾恋爱受挫，至今记忆犹新，所以特别羡慕身材高大的同事李某。可没想到李某也有苦衷，因身高体重，膝盖不胜重负，才四十出头就行走困难了，而且，坐火车卧铺伸不开腿，坐轿车抬不起头，合适衣服买不到。常听他唉声叹气地说，长那么高实在是受罪，真羡慕你啊！我虽对此不敢自信，但确实看到了他因太高而带来的种种不便。

羡慕，是一种很复杂的心理活动，其感性因素更多于理性因素，也不乏错觉与偏见。泰戈尔有一首《错觉》诗这样写道：河的此岸暗自叹息："我相信，一切欢乐都在对岸。"河的彼岸一声长叹："哎，也许，幸福尽在对岸。"的确如此，山野飞鸟羡慕笼中金丝雀的吃喝不愁，养尊处优；笼中金丝雀则羡慕山野飞鸟的自由翱翔，一飞冲天。平民百姓羡慕官员大权在握，呼风唤雨；官员羡慕百姓闲心不操，无官一身轻。年轻人羡慕成年人功成名就，有房有车；成年人羡慕青年人朝气蓬勃，风华正茂。寻常女性羡慕豪门贵妇的穿金戴银，吃香喝辣，豪门贵妇则羡慕小康之家的男耕女织，相濡以沫。老婆姿色平平的人羡慕娶到美女者的艳福，娶到美女者则羡慕娶到姿色平平却能吃苦耐劳老婆的实惠。

英国王子威廉大婚，平民姑娘凯特摇身一变成为世人瞩目的王妃，一步登天。本以为她会成为众多女性羡慕的对象，可没想到，英国民意调查机构的一项调查结果显示，英国女性中居然有86% 不羡慕或嫉妒王妃凯特，表示即使有机会也不会与她互换身份，因为"她再也无法过上普通人的生活"。的确，当皇家、王室的媳妇，清规戒律极多，禁忌无数。就说王妃凯特吧，她此后的生活就要受到无数双眼睛的注视，再也不能随随便便去逛公园，轻轻松松去酒馆小酌，愉愉快快去海滩日光浴，风情万种地去上台当模特，更不能口无遮拦想说什么就说什么。怪不得那么多女性不羡慕王妃凯特。

人都是生活在比较中的，幸福与否，快乐多少，都是相对而言。"恨人有，笑人无"，是人们最常见的阴暗心理，羡慕别人也是每个人都不能免俗的心灵活动。大千世界，人海茫茫，一个人不论再成功再完美，也不论再潦倒再失败，都会羡慕也会被羡慕，没有人是不羡慕别人的，也没有人是不被别人羡慕的。

既然如此，我们在羡慕别人时须有三点值得记取：一是羡慕不要发展到"嫉妒恨"，羡慕是美好向上的，可激励人们见贤思齐，"嫉妒恨"是龌龊危险的，如不加控制就会酿成悲剧；二是羡慕要有度有节制，须知，羡慕是一种精神会餐，许多羡慕是根本无法实现的，所以只能偶一为之，不能老是沉浸其中，自我折磨；三是对羡慕对象不要过于理想化，人们往往夸大被羡慕事物的美好程度，真正得到后，会感到"不过如此"，反而会更加失落。

著名学者费孝通有名言："各美其美，美人之美，美美与共，天下大同。"天生万物，各有长短，人无完人，皆有利弊，明白这个道理，我们固然要羡慕别人，发现、欣赏他人之美，即"美人之美"；更要自重自爱，挖掘自身之美，即"各美其美"；再到相互欣赏、赞美，最后达到一致和融合，这才是我们追求的理想境界。

这世上，有一些人，生来就有大胸怀，大气魄，能成就大事，当然，这是极少数人，是伟人，使人望尘莫及。

然大部分平凡如我辈者，天性中总难免自私、狭隘、小气的成分作祟，这就需要在后天成长的过程中，刻意做一些心怀的训练与培养。要懂得善良慈悲、宽仁体谅、潇洒豁达，心情的磨炼使我们圆融，能忍能让；要学习洞察世事通晓事理练达心情，智慧的修行使我们通透，能看得开放得下。

对于一个人而言，心怀的训练，比起智力、体能、技艺这些关乎生存实际的训练往往容易为人忽视，但却尤为重要，不可或缺，受益无穷。因为它在某种程度上将决定一个未来生命的高度、广度与质量，决定他能站多高，走多远。

在记得意的训练之中，随着年龄、阅历、学识、经验的不断增长，我们发现，自己的心怀，由青涩懵懂少看报不谙世事敏感偏执锋芒毕露，渐渐变得柔软，开阔、平坦，坚实，由最初的心门紧锁，透不进一丝亮光，到清浅的小溪，游些小鱼小虾，直到波平浪缓，撑得下一条船。这样的训练，使我们的生命无论降临在哪个原点与层次，都能向上迈进，跳脱出来，居高望远，感受天高云淡，惠风和畅，活得敞亮、宽松、自由自在。

事实上，与事计较、与人争锋，很难分出个是非长短、胜负对错，生活本就是一团乱麻，一潭泥淖，别指望有谁随时站出来为你主持公道，更何况，也没有谁有资料、有能力做生活的裁判。就算偶尔赢了，占了上风，也别得意，充其量说明你与这人、这事不过棋逢对手，属于同等级同重量的选手，谁比谁也高明光彩不到哪儿去。

英国作家狄更斯在诗中写道：你，／不要挤！／世界那么大，／它容纳得了我，／也容纳得了你。／所有的大门都敞开着，／思想的王国是自由的天地。你可以尽情地追求，／追求那人间最好的一切。／只是你得保证，／保证你自己不使别人受到压抑。／……给人们生的权利，／活的余地，／不要挤，／千万不要挤！／这美妙而深邃的诗句，让人心定神宁豁然开朗，体会到生之广阔自由，世界之丰富包容，原来，我们有更加值得追求的高远的境界，宏大的目标，富有意义的人生，而非拘囿于眼前的蝇头小利营营役役。

生命是一场漫长的马拉松赛跑，最终比的是耐心、毅力和恒心，心怀的训练，应是我们长久的、一辈子的修行与事业。它需要自我教育、自我引导、自我训练和自我完善，它能帮助我们随时祛除心灵的污浊、混乱、拥挤、丑恶，保持心地的纯净良善、心境的安然笃定、心胸的开阔辽远，从而将有限的时间、精力云关注自我，关照内心，投入到美好、健康、有益的事物，而非陷入那些虚无乏味、鸡零狗碎、乌烟瘴气、永无宁日的人事争斗与世俗纷扰之中，徒徒耗空了生命。

想与你在一起

一个人的成熟，大概是从发现了时间的珍贵开始的。开始珍惜每个转瞬即逝的清晨。流连地观望一树繁花但不沉溺，因为知道了自己还有更重要的事做。匆匆的脚步踩着暮色疲惫归来，看见一地凄艳落花，亦只能马不停蹄地黯然掠过，悄悄搁置心中那份风花雪月的柔软。

赤裸裸的物质时代，遍地繁华美人如林，穿梭其中常常让人眼花缭乱神思恍惚，迫不及待而又无所适从。只觉耳旁时光滚滚，梦想却不见踪影。我很忙，我没空，我们真诚地表白。

然而，有一天遇见一个人。从此，一切都变了。

那是怎样一种莫名难测的力量，在彼此目光碰触的刹那，每一寸空气似乎都开了花。一种心醉的芬芳扑面而来，将人催眠。

任何时候都有空，只要是与你在一起。逛街、吃饭、买东西、上医院，毫无目的地骑车兜风，一起坐在六月花园的鹅卵石小径上，有说不完的废话。每次分别，站在深夜行人稀落的小巷里，迟迟拖延着，直至目送你凛冽的背影消失在拐角，才缓缓转身。

从什么时候开始，变成了一个常常抬头仰望夜空的人？在喧嚣的人群里，你曾轻轻牵着我的手，安静地对我说，昨夜在阳台上凝望星辰明月，你在想我。在每个白天和夜晚，在每分每秒流失的缝隙里，在每处与你一起印下标记的地点，在每曲音乐回旋耳边的时候。在某个冬天清晨醒来，清冷光线照在脸上，泪水浸透发际，发现自己在微笑里无声哭泣。

太阳升起又落下，夜晚来临又消退。时间在欢聚里越发急速与贵重。同时被剧烈的想念无限度地透支与荒废，并一意沉沦无心悔改。

那些彼此互赠的礼物，都可折算金钱成本。而唯有这无日不续的惦念，这以时间与灵魂为成本的最大投入，无法计算与评估。深不可测的东西，往往是我们有意无意忽略过滤掉的，因为生命无法承受这份爱恋之重。

一拨拨匆匆赶路的旅人，流水般不断擦肩而过，互相消逝。在时间与空间的某个坐标点上，彼此偶然交集，蓦然动容。不曾海誓山盟许下诺言，却每日只想与你一起浪费时间。无须猜测考证，它意味着什么，它厚重的质地不容置疑，你懂的。

磨难出财富

　　印度妇女贝比·哈得三十多年的经历是很不幸的。她是印度加里各答市郊区人，因为家境贫困，她十二岁的时候，就被迫和一个年龄大她一倍的男人结了婚，十四岁时就成了一个"少女妈妈"。在家里经常受到凶狠丈夫的打骂，生活是很不幸的。为了生活，为了孩子，二十多岁的哈得就只好带着三个孩子到市里当女佣。虽然她勤勤恳恳地干活，但收入却很低，并且非常劳累。她说，我工作的那些家庭都非常自私，他们要我整日整夜地干活，甚至在半夜时还要我帮他们按摩双脚。他们一点也不体谅我有三个孩子需要照顾。

　　后来她又到一位退休教授家里当佣工。这位教授家里的有很多书，哈得在打扫书架时，经常翻阅那些书籍。教授发现了哈得喜欢看书，非但没有责怪她，还鼓励她空闲时多读书。

　　时间长了，那位教授还建议哈得把她自己的经历用笔写下来，并且给她买了一个笔记本和一支钢笔。尽管哈得觉得自己写得很不好，很难为情，但教授普拉波得赫·库马却说她写得很好，鼓励她继续写下去。教授很关心她，把她当成一个平等的人。哈得非常感激。

哈得的写作很勤奋，她要忙完一天的工作，还要照顾自己的三个孩子的生活和学习。一般只有在晚上十点后才开始写作，白天还要抽空读书。

功夫不负有心人，经过六七年的努力，哈得用她的母语孟加拉语写成的第一本书《卑微的生活》终于出版了，并且立即成为畅销书。祖巴恩图书出版社的一位编辑安尼塔·罗伊说，她书中写的是原汁原味的生活，她让你看到了另一种人的生活方式，它喊出了你在印度从来没有听过的一种声音。很快英语版的《卑微的生活》也出版发生了。哈得也成了一位名人。不久她又开始了第二本书的写作。

对哈得来说，成为一个作家的最大收获不是名声，而是让孩子为她感到骄傲。因为以前当人们问起她的孩子，"你妈妈是干什么的"的时候，他们总是很害羞，说妈妈是个女佣，可现在她们会说"妈妈是一名作家"。

如果哈得没有多年的不幸经历，即使它遇到了那位好心的教授，她也只能少了些生活压力，日子过得轻松一些，而不会成为一个作家。所以不幸的经历是一笔可贵的财富，它能改变一个人的命运，使一个人的地位得到不可估量的提升。

　　我们在生活中，经常能看到一些有着不幸经历的人，他们只会慨叹和埋怨，却没有把不幸的经历当做一个矿藏，从中开掘出一些宝贵的财富来。奉劝那些有不幸经历的人，向贝比·哈得学习吧。这样也许在某一天，你的命运就会发生意想不到的翻天覆地的变化。

拒绝诱惑

汉朝初期，因连年战乱，各种物资都很缺乏，尤其是马匹，据说连皇帝出门都凑不够四匹颜色一样的马，大臣们就更不用说了，直接坐牛车上班，让家里马匹成群的匈奴人笑话了好多年。

这天，有个人不知道从哪儿弄来一匹千里马，神骏非凡，一天跑个一千里跟玩儿似的。这人一寻思，这么高贵的马，当然得献给最高贵的人，谁最高贵呢？当然是当今圣上。于是，这人就把马牵到了皇宫门口，想献给汉文帝。

汉文帝听说后，就带着文武百官出来看马。这一看不要紧，文武百官立刻炸开了锅，纷纷表示只有当今圣上才配得上这匹马，只要骑上了这匹千里马，国家的发展就会一日千里，繁荣富强指日可待……

在此起彼伏的马屁声中，汉文帝慢悠悠地说："我骑马出门的时候，前面有仪仗队，后面有护卫队，一天最多走五十里路，我骑这样的千里马有什么用呢？你们难道想让我一个人在前面跑？"

汉文帝这番话一出，文武百官顿时安静了下来。是啊，皇帝出行可不比老百姓，一天走多少里路是有规定的，要这样日行千里的马实在没用。或许有人还会惋惜——毕竟是难得一见的千里马啊！但现实是，东西再好你也用不上，又有什么意义呢？

汉文帝明白这个道理，后来的"文景之治"也就顺理成章了。

一千年后，到了宋朝初期，同样发生了一件事。

当时有个人得到了一面宝镜，据说能照两百里。至于怎么照两百里，我没见过，不敢妄加揣测，总之就是一面难得一见的宝镜。有了宝贝，自然要把它利益最大化，这个人一合计，当今世上最有权力的人除了皇帝就是宰相吕蒙正，皇帝家里什么都有，也不会在乎这面镜子，那就献给吕大宰相吧。

吕蒙正出身贫寒，从小跟老妈住在破窑里，没见过什么宝贝，出于好奇，就让人把那人请了进来。那人一看有戏，忙把宝镜双手献给吕大宰相。吕蒙正端着宝镜看了半天，又把宝镜还给了那人。

那人一愣，小心翼翼地问宝镜怎么样，吕蒙正说："好是好，不过我用不上啊！"

那人忙问为什么，吕蒙正哈哈一笑，说："我这张脸也就一个碟子大，哪儿用得了照两百里的镜子？"

那人还不甘心，又说："就算用不上，摆在家里也好啊！"

吕蒙正淡淡一笑,说:"我从小身无余财,现在当了官也是两袖清风,让我养成了只买用得上的东西的习惯,用不上的东西再好也跟我没关系。"

"就算用不上,摆在家里也好啊!"——这样的想法想必也是大多数人的共同想法,确实很难破,吕大宰相的话堪称经典,但又有几个人能做到呢?

几十年后,同样的事在另一位北宋名相王安石身上又演绎了一回。

那天,一个地方官神秘兮兮地走进王安石的办公室,站在那儿也不说话。王安石正忙着批改公文,也没理他。

过了一会儿,砚台里的墨干了,王安石刚要起身去添点儿水,地方官突然凑过来,神秘兮兮地说:"大人工作这么忙,还要给砚台添水,多麻烦啊,要是有一个砚台不用添水,哈一口气就能自动出水,那该多方便呀!"

王安石笑道:"世上哪有这样的砚台?"

地方官忙从兜里掏出一块砚台,说:"大人,这就是那方宝砚,墨干了也不用加水,哈一口气就行了。"说完,张开大嘴哈了一下,果然从砚台里慢慢渗出水来。然后,地方官贱兮兮地望着王安石。

王安石没好意思看他那张贱兮兮的大脸,出去从外面提了一桶水进来,问他:"你说这桶水值多少钱?"

地方官轻蔑地说：“一桶水能值几个钱？”

王安石说：“就是啊，那个砚台就算能哈出一担水来，又能值几个钱呢？”地方官贱兮兮的大脸沉了下来。

王安石的应对有点偷梁换柱，但意思是明确的：从某种意义上说，这方砚台是个宝贝，但实际上又有什么用呢？添点儿水而已，举手之劳，实在没必要非得“宝砚”不可。

三个故事一脉相承，把“有用”和“没用”诠释得干脆透彻。当年古希腊大哲人苏格拉底路过集市时，面对琳琅满目的商品，感慨道：“原来世上有这么多我不需要的东西。”实在有异曲同工之妙，值得所有人借鉴。

需要恪守的准则

我猜想，有人肯定会说，人生原本已经很累很枯燥乏味，再弄个守则给自己遵守，是不是有些教条？

每一个年龄段都有着至关重要的关键词：20 岁时激情飞扬，30 岁时沉稳自然，40 岁时大气从容，50 岁时高瞻远瞩，60 岁时豁达淡定，70 岁时悠然自得。在人生每一个年龄段里，做着与年龄相称的事情不难，难的是一辈子坚守自己的生活守则和人生信条。

都市生活，远远没有看上去那么精彩，摩天高楼，香车宝马，美女靓男，职场精英，流光溢彩的街灯，五光十色的霓虹，香味袅袅的咖啡，此起彼伏的人流，构成了城市生活的表象，是机会与梦想并存的世界。只是这繁花似锦的背后，欲望涌动，纷争不休，尔虞我诈的欺骗，对权力的角逐，对金钱的膜拜，人际关系的复杂，人情冷暖的温凉，更像一个没有硝烟的战场，这中间，有成功者的喜悦，当然也有失败者的泪水。

繁华喧嚣的都市生活中，你有没有把握不住自己？你有没有迷失自己？你有没有随波逐流？你有没有自己的生活守则和做人的原则？

　　很多人可能会不屑一顾，你当我是小学生呢？天天背诵学生守则过日子？要生活守则干什么？我是成年人，知道自己想要什么，知道自己不想要什么。要想成功，就需要奋斗，而奋斗永无止境，一路勇往直前，才能无限度接近目标。想要幸福，就需要打拼，而打拼需要付出，汗水与泪水是幸福的前奏，鲜花与笑脸是幸福的后续。

　　淡出毛病的人，才想要什么生活守则吧？框住自己结果是，往左碰到了条条，往右碰到了框框，如此束手束脚，有条条框框的束缚，还能做成什么大事？

　　生活中，很多人都是这样，没有远期的规划，没有近期的目标，更没有什么生活守则和做人原则，及时行乐，得过且过，人云亦云。

　　朋友甲，原本身材很苗条，因为无节制地暴饮暴食，因此长成了一个大胖子，然后在行动不便中再不停地节食做运动减肥，如此循环往复。朋友乙，因为无节制地放纵自己的欲望，恨不能天下美色都为自己所有，见一个爱一个，最后后方起火，然后又不停地救火熄火，做着灭火工作。朋友丙，因为心中贪婪的火苗无节制地疯长，最终烧着了自己，把手伸得很长，是不是自己的东西都要捞上一把，盆也满了，钵也满了，最后却只能在铁窗里面怀想着自由的时光，所谓房有千间，其实夜宿不过八尺。

其实我们都知道，时光永远不可能倒流，与其自欺欺人地做着假设，还不如从一开始就按照自己的生活守则做人做事。

日本作家村上春树给自己制定的生活守则是：不说泄气话，不发牢骚，不找借口，早睡早起，每天跑10公里，每天坚持写10页，要像个傻瓜似的。

乍看起来，非常简单。不说泄气话：就是要不停地给自己鼓劲，一刻也不懈怠。不发牢骚：就是保持心态阳光，积极向上，给自己美好的心里暗示。不找借口：就是不管对与错，都要坦然面对，坦然接受。每天坚持跑10公里：人是自然的动物，有着自然的属性，在花草树木繁茂的路上奔跑，身体才能强健。每天坚持写10页：不停地磨炼自己，才能进步，灵感才不会枯竭。要像个傻瓜似的：不想不开心的事，不想烦恼的事，吃亏怎么知道就不是得便宜？只有这样，才会更加接近快乐。

逐条细看，仍然很简单，但是若要每天坚持，持之以恒，就不那么简单了。要克服人的天性中懒惰、散漫的因素和成分，要克服内因的生病、主观意愿等，也要克服外因的种种诱惑、环境因素等等。正因为不那么简单，在自己的人生守则里行事，才会保持方向性的正确。

生活守则，你有吗？

为生命挥洒色彩

生命本是一张白纸，人生的意义，就是为这张白约有着上独特的色彩。

着上绿，让你的生命蓬勃向上；着上红，让你的生命激情洋溢；着上蓝，让你的生命高洁脱俗……为生命着色，让你的人生丰富多彩。

你喜欢绿，就会绿色装点生命。为山，则高山耸翠，为树，则松柏挺拔，头顶蓝天，脚踏实地，永远怀着一个绿色的希望。

绿，充满着生命，生长着梦想。

当春风催醒了原野，当春雨润红了花蕾，当紫燕的歌声沉醉了黎明，你就像那昂然的树，再次昂首，面向蓝天舒开绿色的枝丫，尽情地汲取阳光雨露，在生命的春天里，只有把根深深地扎入地下，执著地伸展生命的绿叶，才能为明天酝酿一树灿烂金果。

有绿色，生命才有未来。即使是卑微的小草，也同样在自己的季节里，萋萋以摇绿，欣欣以向荣，执著地站在大地上，不惧冰霜，不畏野火，平凡的生命，有枯也有荣。绿草、绿禾、绿树、绿野、绿的森林、绿的海洋……如果没有绿色，生命中哪里还有春天呢？

为生命着色，还有你向往的红。红叶、红花、红火、红霞……

红，抒写的是烂漫；红，激荡的是热情。在火红的岁月里，飘扬着理想与信仰的旗帜；在红色的家族里，流动着善良与博爱的血液。多少仁人志士，化身为燃烧的火炬，照亮生命的黑夜；多少爱心大使，举起了红色的丝带，送来生存的希望。

红烛，点燃自己，照亮别人；落红，身化红泥，滋养来者。火红的燃烧，真爱的奉献。

红色，给你温暖，给你慰藉，给你力量。如果着上了红色，生命中哪里还有冬天呢？

为生命着色，还有你钟情的蓝。生命若一江春水绿如蓝，蓝得澄澈，蓝得透明，蓝得高远和圣洁。

心如湛蓝的天空，纯净如冰，清明如镜，这样的安详，这样的美丽，这就是"一片冰心在玉壶"的高远境界。

黑头发蓝眼睛，并不是你特有的标志。蓝，应是你的沉稳你的冷静，你的理智和勇气。立在蓝天之下，心与蓝天融在一起，俯视蓝色的大海，心容蓝色的海洋，拥有无尽的蓝色，生命中哪里还有战胜不了的困难呢？

为生命着色，还有纯洁无瑕的白，还有无所不在的黑，还有游走弥漫的灰……

没有冰清玉洁的世界，但可以有冰清玉洁的生命，着上白色，原生命如一尘不染的白雪，晶莹剔透；如果黑色你无以拒绝，那就只有让生命穿越黑夜，走过黑暗，你才真正懂得白昼的珍贵；健康的生命里，不该有灰色的迷雾，因为灰暗让你的心迷失方向，看不清远方的路，那就要靠自己火红的信念，走向充满迷雾的深谷。

生命的画板没有色彩，正等待你挥毫泼墨，着上绿着上蓝着上万紫千红，让朴素的生命化成一幅最美的图画，让单纯的生命线变成一道亮丽的风景。

好好努力，再大的苦难也会过去，你要相信没有到不了的明天！

没有到不了的明天

前方的路，

谁又知道会发生什么？

未来的事情，

就像一个没有解开的谜。

你的痛并不唯一

[1]

记住，这个世界，没有一种痛是单为你准备的。

因此，不要认为你是孤独的疼痛者。也不要认为，自己经历着最疼的疼痛。尘世的屋檐下，有多少人，就有多少事，就有多少痛，就有多少断肠人。

活着，就是要痛一痛的。有声有色地活过，其实就是有滋有味地痛过。当然了，有时候，你觉得痛，不是你有多苦，有多委屈，只是觉得自己很可怜，很无助，很孤单。

痛也是怕比较的。了断痛的一种方式是比较。把自己的痛放到万千的人群中，比完了，你也就放下了。

我的意思是，在芸芸众生的痛苦里，你才会发现，自己的这点痛，真的不算什么。

[2]

从理论上讲，我们身边是 60 亿人。但，这一辈子，我们最多活在 60 个人中间。而让你至爱与至痛，至喜与至悲，至生与至死的，最多不过 6 个人。

这 6 个人，才是你的世界。

所以，更多的人，更多的事，你都不必去在意。在意的越多，就会沉陷得越深，就会纠缠得越久，就会被折磨得越苦。

简单点。简单便是快活。

[3]

心的愉悦，有两重境界：一曰饱，一曰滋润。

尘俗中有些事，譬如，挣大钱，谋重权，赢盛名，鲜花掌声，轰轰烈烈，这种让心灵愉悦的状态，即为饱。但饱了之后，愉悦便不再是愉悦，而只剩下刺激了。

尘俗中的另一些事，譬如，喝茶，访山，看云，赏月，风敲叶响，云动鸟惊，这种让心灵愉悦的状态，即为滋润。滋润给心灵的感受是，不厌，不腻，不绝。

这个世界上，凡是跟功利有关的事，于心灵，你只可以喂饱它，却不能滋润它。

[4]

有时候，能容下多少他人，就能拥有多少快乐。

换一个说法就是，你跟多少人作对，就是跟自己本该拥有的多少快乐作对。

有的快乐是自生的。有的快乐，是与他人和谐相处中获得的。结怨，会疼；周旋，会累。有时候，退一步，妥协一点，甚至投降一次，都不算什么，但你会一下子找到轻松快乐的自己。

生活没那么复杂。你把自己搞复杂了，烂摊子，也只好自己去收拾。

[5]

更多的人，关注的是你有多少钱，有多少套房子，在哪里上班，有什么职位，有多深的社会背景。因为，从世俗的角度衡量，这才是有用的东西。

同样是炫耀，你要是说这些东西，会赢得艳羡、仰慕甚至是尊重。但是，你若跟别人说，你每天看过多少次蚂蚁奔走，赏过多少次晚霞流逸，听过多少鸟叫，闻过几次花香，你的内心有多安宁，你的灵魂有多快乐，大家认为你，不过是无聊罢了。因为，在他们看来，这些都是无用的东西。

　　这个世界的价值体系已经乱了，但，你最好不要乱。学会放下一些东西吧，譬如那些不必要的面子，譬如那些无所谓的虚荣。

　　我是说，这样做，你就是最好地疼惜了自己。

听我讲讲人生

[1]

春天。我看见，阳光站在对面建筑的屋瓦上。

我不动，它亦不动。我一嗓子喊过去，它好像挨了一石头，突然蹲伏下来。哗啦啦，流泻成一屋顶的波浪，灰色的，沿着屋瓦，一根曲线，一根曲线地流动。我换一个姿势看它，浪就换一个方向涌过来。

一个上午，我就盯着这一片阳光看。阳光或站着端详默坐在窗口的我，或干脆一个浪接一个浪，跟我玩浪打浪。

我在发呆。它，陪着我发呆。

抽眼回来，像拉回溃散在尘世的千军万马。我拿出手机，回一个短信给她，只一句话：有些世事我不能说，只因，怕你惆怅。

[2]

　　邻家有猫，叫花儿。有小儿，唤作宝儿。

　　宝儿家的花儿睡在沙发上，睡相深沉。只是，花儿的一条前腿弯成月牙形，盖在脸上，像是在要挡住风，像是要捂住暖。

　　宝儿扯下沙发罩，盖一块在花儿身上。又扯下一块，盖在花儿脸上。再扯下一块，宝儿左瞅瞅，右看看，不知该盖在哪儿。

　　宝儿满嘴里，全是话：花儿好好睡，别怕冷，宝儿为你盖。

　　花儿被扰醒，弓身跳下地。慵懒地站在地板中央的花儿，肚子格外大，花儿的小花儿，该生了吧。

[3]

　　"天下足球"看到的一个画面。

　　英国的一场足球比赛。双方打平，比赛只剩最后一分钟。这时候，一方球员带球突到对方禁区，然后，摔倒。裁判当即吹哨，点球。

　　然而，没有想到的是，摔倒队员起来裁判解释，说自己假摔了。裁判没有听，手指果决地指向了点球点，依旧判罚了"极刑"。

球员无奈走向了点球点。一声哨响，一脚踢出。

在球的所有的观众，看到的景象是，那个球员，把球踢向了天空。

一场伟大的比赛，有时候，就是一脚球。

[4]

那一天，风很大。

菜市场里，一个摊主，正在数钱。他的手指手指紧紧捏着那沓钱，仿佛，风，随时要从他手里抢走了似的。他面前，绿的黄瓜，紫的茄子，红的西红柿，也个个神经紧张，为他盯着贼头鼠脑的风。

都是些零钱，但他数得极认真。一个四十多岁的男人，他一张张数过的，是所有的艰辛、喜悦和希望。

我想说的是，与那些数着银行卡上数字的有钱人相比，只有这些一分一毛数小钱的人，才会数出钱带给一个人的，最始终最本质的快乐吧。

[5]

几年前，在一堂课上，一个学生站起来说：老师，不愿意听你上课。

她突然爆发了，火山一样。她放下要讲授的内容，又是讽刺又是挖苦地批评了半天，样子歇斯底里。即便这样，下课后，趴在办公桌上，她呜呜咽咽哭了半天。

她觉得学生不理解她，不懂她的辛苦。就因为这一个学生，她对那一个班，好长时间，都没有好感。即便站在讲台上，也疙疙瘩瘩的。

后来，她决定原谅。她知道，作为一个老师，这样是不对的。

几年后，那个学生大学毕业，回来看老师。她已经把那件事忘了。学生笑盈盈地，说，老师，给我一个机会，让我把以前课上的那句话补充完整。

其实，我当时要说的是：老师，不愿意听你上课，希望，你多为我们讲讲人生。

这个世界，最辽阔的宽恕，究竟，谁给了谁。

购买宁静与满足

买纸？稀罕啊，不是办公无纸化了吗，你岂不是反其道而行之！

昨天我去城隍庙买纸，在省博物馆门口，遇到一位名字常常前缀"著名"二字的朋友，他表现出来的惊诧，也让我惊诧。这几年，买布的人少了，据说市场上服装的存量，足够中国人穿50年的，除非张爱玲式特立独行的人，喜欢别出心裁，自制奇装异服，才去光顾布店，纸品又不是存量过剩，干吗如此大惊小怪的！

我说我练字。我说我迷恋于在纸上浮想联翩——经我这么解释，他的惊诧变得柔和起来，笑容开始在脸上堆积，我生怕那笑容挂不住，掉了下来，赶忙恭手告别，一头扎进城隍庙的古玩城。

其实，买纸与买布，是不可同日而语的。布店在我们这个城市里，并没有绝迹，档次既高，花色齐全，而谁见过专营的纸店吗？似乎没有。如今，纸由"文房四宝"，降格为文具，便是在文具店里，纸通常也是坐冷板凳的滞销货。我们合肥也许还好些，倘去上海或广州，尽管以商业城市著名，如果想找到一家像样的纸店，那你就得体验一下"上穷碧落下黄泉，两处茫茫皆不见"的滋味了。

30年前的一个春天，木棉盛开，朋友托我带半令宣纸，是极普通的4尺单宣，给移居广州的一位书画大家送去。老人家把我视为贵宾，早早地在门外待着。接过纸，缓缓展开，以手抚之，以鼻嗅之，突然大叫：乌溪，乌溪，乌溪厂的宝啊！拿酒，拿酒来……那是个傍晚，春阴垂野草青青，我陶醉于酒，老人则陶醉于纸。

没想到，30年之后，我自己却时常为纸犯难。偌大一个省城，万象森罗，物华天宝。单就纸而言，新闻纸、铜版纸、打印纸、包装纸、卫生纸，招之即来，唯独供毛颖君自由驰骋的那种，一纸难求。

我现在主要的事情，就是写散文。写文章无须动笔，只消10个指头，在键盘上按规矩起落就行了，与纸笔无涉。但我另有一些心思，一些浮想，一些模糊的东西，是敲击不出来的，得借助于笔墨纸砚来抒发。笔、墨、砚是工具，纸则有所不同，纸，先是授体，然后是载体，我内心里那些模糊不清的东西，那些飘忽不定的想法，在研墨过程中，磨在砚台上，蘸进笔锋里，织到纸纹里。

砚与墨，徽州产的不错了，选定之后，就不再在上面多费心思。笔的讲究多一些，毛笔好像有个性，我慢慢习惯于长锋的中、小狼毫，觉得对脾气。一支狼毫，使用、保护得法，写两万字没问题，相比之下，纸的消耗特别多，因此，我就经常去买纸。

选纸，不是脾气对味那么简单的事。对于写字的人来说，纸，无异于情人，初恋固然浪漫，天长地久才是温馨。我以前写过一篇文章，分女人为诗歌、小说、散文三型，现在我把这种比喻，移植到纸上：诗歌型纸，不是唐诗便是宋词，高矣，远矣，靓矣，至少我是有贼心没贼胆的；小说型纸，故事太长情节太繁，好看也好玩，未必好相处；倒是散文型纸，显得家常，是静谧的风景。一直以来，我只挑选散文型纸，这一类纸，一眼望去，就是一幅画、一阵风、一江春水。但这是我的感觉，卖纸的老板，却只讲品牌，只讲价格，甚至炫耀生产日期，卖弄一令纸有多少克，而我要找到适合我的纸，我喜欢的纸，往往过尽千帆皆不是，斜晖脉脉水悠悠。

能承载我内心里那些模糊不清的东西、那些飘忽不定想法的纸，就是好纸。所以，宣纸也好，竹纸也好，夹江纸也好，桑皮纸也好，只要一眼望去，像一幅画、一阵风、一江春水，就神魂颠倒了。我把称心如意的纸，迎回书案上，为的是"但愿暂成人缱绻，不妨常任月朦胧"。我成不了书法家，我的书写，跟谋求声誉与好处无关，我在纸上写字，只为获得心宁的安静、精神的满足。为了这份安静与满足，买纸时犯点难，我乐而为之。

草原上那棵树

　　那拉提草原已经是我的新疆之旅中，留在心灵世界里的一道美如童话般令人沉醉的风景线。直到今天，我依然还能感受到那牧场上白云般羊群的游移，感受到那碧空下远山的苍郁，感受到那阳光里溪流灵动的诗意，特别是那棵进入了我视野里的野苹果树。在广袤莽原上的草海花波之中，亭然独立，卓尔不群，如风中摇曳的一首绿色之歌，常常还在我的心底泛起迷人的旋律……

　　那天上午，我们告别了仙境一般秀美飘逸的巩乃斯河谷，驱车来到一片空旷的草原上。天高地远，满目青绿；五彩的小花，恣意地在阳光下绽放她们的娇妍；可爱的百灵，忘情地隐匿在草丛中舒展着它们的歌喉。就在大家凝神拍照的时候，我却被草原上的一棵独自生长着的野苹果树吸引了过去。它虽然算不得高大，但是，在这碧草连天的莽原上，它无疑就是一面拔地而起、挺身耸立的旗帜了。空旷之中，它是那么的惹眼，也是那么的美丽，更显得那么的挺拔……

当我正准备以最美的角度来为这棵野苹果树留下姿影的时候，司机宁师傅来到我身边。我问道："这广阔的草原怎么只长这么一棵野苹果树呢？"宁师傅说："不要看这里夏天的时候生机勃勃、一片葱郁。但是，你却不知道这里的冬季非常寒冷，风雪大，冰期长，所有的树木几乎都是生长在山的阳坡背风的地方，而在这样空旷的北风可以任意肆虐的地带，除了生长一岁一枯荣的野草之外，树木很难熬过漫长的严冬。因此，这棵野苹果树能在此傲立于天地之间，不管怎么说，都应该算是一个奇迹了！"

宁师傅的话，让我在对这棵野苹果树的美丽赞叹之余，更增添了几分敬意。抚摸着它粗粝的树干，禁不住感慨万端……

遥想当年，当它还是一颗种子被偶然抛置在这莽原上之后，春风便唤醒了它内在的成长的欲望，春雨的滋润，让它破壳而出，它的苗芽向着太阳伸展开了枝叶，它的根系深深地扎进了泥土里，并且，像一个贪吃的孩子，拼命地吸吮着大地之母的乳汁，以获得向上生长的养分和能量。因为它知道自己不是一棵草，不必在乎草的妒意和嫉恨，它要像一棵树一样仰望天空和俯视大地，它要像一棵树一样展示自己生命的风采和伟岸，它要像一棵树一样成就自己的未来和辉煌……

然而，酷寒的冬天降临了，风雪压向大地，淹没了枯草，唯有那棵扛着疏枝的野苹果树，依然瑟瑟抖抖地顽强不屈地站立在白茫茫的雪原上。寒潮企图阻断它的血脉，狂风企图撕碎它的躯体；尽管它已被折磨得枝残柯断，但是，它依然挺立着，因为它知道自己不是只有三个季节的草，它要用年轮来记录自己不断对自我超越的历程，因为它有花的梦想、果的渴望，它不能像草一样死去，它知道自己的生命才刚刚开始，未来的路还很漫长，它有自己的命运，有自己的使命，它绝不能像草一样倒下去……

　　难挨的寒冬终于过去，春日的阳光又一次照临大地。尽管累累的伤痕还痛彻灵魂，但是，它已经开始绽放着胜利者的微笑抽出了新枝，生命的激情在阳光里燃烧，浪漫的旋律在绿叶上弹奏，它像莽原上独舞的精灵，一点点地在岁月里舒展开了自己的美丽……如今，在它经历了一次次的生与死的考验之后，已经有了自己花朵的芬芳，有了自己果实的馨香，它正以自己的年轮，记录着享受生命的欢畅和幸福的乐章。尽管一个个的冬天还会到来，但是，它深深地懂得：经不起磨难和砥砺的生命，永远都是一棵只有三个季节的草，而不是旷野里的一道亭然而立、美妙绝伦的风景……

　　新疆之旅虽然已经过去几年了，但是，那拉提草原上的那棵野苹果树，依然像昨日一样带着我抚摸的温度立在我的眼前，我依然还在思索着，到底是它的什么触动了我的灵魂，让我至今还无法忘怀呢？

怀揣一个太阳

　　人们的头上会顶着一个太阳，其实我们心中也揣着一个太阳，当心中的太阳被尘埃遮翳时，我们要及时去擦拭，也就是说，每日都要拭亮一个太阳。

　　每日拭亮一个太阳，你就会勤于动心敏于动手。"身是菩提树，心若明镜台。时时勤拂拭，勿使惹尘埃。"说的与这个意思相仿。由是，你就会抓住当下，掌控每一个现在。就不会荒疏自己思想，不会懈怠自己的行动，就会让怯懦、恐惧的霾翳与尘埃无处藏身，你就会懂得美德和生命力从来都是由擦拭出的新亮的生命迸射而出。

　　每日拭亮一个太阳，你就不会向一切霾翳、尘埃妥协。你就会明白即使给你曾经带来鲜花花环的东西，未必就会永远鲜活恒常光亮。那说不定是外界用来麻痹你的迷魂草，制约你的魔圈和牢笼。你就不会因为昔日的"明丽"而忘乎所以，沉湎其中而不能自拔。无谓的妥协调和是愚蠢颠顸的行为，得到的只不过是庸俗的政治家、哲学家等人的恭维和奉承。今天要说出今天的想法，哪怕被误解，也要义无反顾。如此，你就不再一味地取悦于人，而孩童般地向同时代的精英倾吐心声，并且能做到少说"我抱歉"，多说"我应该"，把自己的心智公布于众，从而每天都有一个新的自我，做到苟日新、日日新、又日新。

每日拭亮一个太阳，会让你对生活信心百倍。生于世界上，存于宇宙间，你会信心满满地说，他的星星并不比自己的璀璨，他的月亮并不比自己的皎洁，他的太阳也并不比自己的更加灿烂。尽管摩西、柏拉图、弥尔顿，他们说话并非口吐莲花，喷珠唾玉，他们却是公认的伟人，只因他们能够充满自信地蔑视书本教条，摆脱传统习俗，说出自己的，而不是别人的思想。没有必要窥人轨辙，看人模样，你就是你自己，只要你能够更多地发现和观察心灵深处一闪即过的火花，用它来镀亮心中的那一轮被擦拭过的太阳，你就比他们一点也不会差。

每日拭亮一个太阳，会让你时刻奉献出自己的一份光芒。你不会藏身于云海峰峦之后，也不会隐匿于苍苍林莽之中，而是彻照蓝天之上，你会让青竹绿林增碧添翠，会让湖光潭水耀金烁银，你会让荒丘变为绿洲，会让大漠变为渔乡。你会给苍白以缤纷，给贫穷以诗意，你会给浑浊以明澈，给沉闷以清新。你以你不凡的存在，诠释着世上所有景致，注解着时代的万丈风情。

每日拭亮一个太阳，今日之太阳绝不会与以往任何之太阳重复。拭亮一个太阳似埃及金字塔，拭亮一个太阳如中国古长城，拭亮一个太阳如法国凯旋门；拭一个太阳似秀美的杨柳，拭一个太阳如温柔的兰草……每一天，你就是高喊打着能发出金石之声的你，你就是柔肠情深的你。自己不模仿自己，更不与他人雷同。你站着便巍巍然，倒下也会霞光万道；你挺立着展示着生命的灵动，倒下也会魂魄芳香。

　　每日拭亮一个太阳吧，你就成了一种预言，你会说，你就是一位无私无畏的勇气，阴霾与尘埃不会在你之心灵落脚，它们一旦见到你就会远远逃遁；你会说，你是一则抒怀的寓言，在叹惋夕阳短暂的时候，又将失去一个白天，可你知道你之生命中会又有着一个光亮的太阳正冉冉升起；你会说，你是一个豪迈的智者，风永远也不能把阳光打败……

像红杉一样活着

　　高露露是一所知名大学外语系的高材生，毕业后在一家外贸公司实习，职位是业务助理。

　　高露露专业知识过硬，能说一口流利的美式英语，人又长得漂亮。所以一到公司，能干的高露露便深得部门经理器重，外出谈生意时部不忘带上她。高露露也不负众望，进公司不久便帮经理谈成了几单生意，为公司带来了很大的经济效益。老总听说后，也非常欣赏高露露。于是，在经理的建议下，公司提前为她转正。而老总也总不忘在大会小会上表扬高露露，并号召部门所有人向她学习。

　　高露露的职场之路顺风顺水，做为新人的她便有了轻飘飘的感觉。她总觉得自己是名牌大学毕业生，业务水平高，又是老总和经理眼中的红人，便对部门里其他人有了不屑一顾的感觉。高露露所在的公司从事的是化工产品销售行业,有着许多专业术语。部门里年岁大一些的同事有时看不太懂便来找高露露帮忙翻译。

刚开始高露露还有求必应，但慢慢便厌烦起来，态度也就生硬了。一天，一个四十多岁的女同事又拿着一份产品介绍单来找高露露，碰上高露露心情不好，情绪突然一下就爆发了："看不懂资料，你不能查字典啊！"那女同事的脸"腾"地一下便红了。话一出，高露露立刻便后悔了。虽说她向那位女同事道了歉，那位女同事也嘴里说道"没事儿，没事儿"，可高露露却明显感觉到了她与周围同事之间产生了一道深深的隔阂。

一年之后，公司又来了一名叫陈静的女孩子。平心而论，陈静的业务水平没有高露露那样高。但她在业务上非常用心，不但上班时努力工作，每天下班后，都呆在公司研读资料、研究产品。周末的时候，陈静还会跑去当地图书馆查阅资料，以尽快熟悉工作。所以陈静从一个不被人注目的新人慢慢成长了起来。此外，陈静还有一个特别大的优点，那就是热情友善，和公司其他人相处特别融洽。部门里无论是谁，不论是公事还是个人私事，只要一声招呼，陈静便乐呵呵地帮忙完成……

三年后，经理被调到了外地一家分公司任副总。面对着部门经理这个空缺，高露露认为，不论是凭资历还是工作能力，以及对公司的贡献，自己当然是经理的不二人选。但万万让她没有想到的是，部门经理的职位最后却落在了陈静身上。

面对一脸怒气跑来的高露露，老总示意让她先平静一下。

然后说，你是我非常器重的一个员工。本来我有意让你接替部门经理这个职位。但在最后民意测评阶段，部门所有人却都一致推荐陈静。一个老员工还对我说了这样一件事：那年，她老公患了严重的肺病，无暇顾及家中的孩子。于是，陈静便自告奋勇地担当起了临时妈妈的责任，照顾孩子生活起居、接送孩子上下幼儿园……陈静举动让公司所有的人都非常感动。他们认为陈静虽业务上不如你，但她肯学习，更重要的是他们觉得在陈静的领导下，他们能更和谐相处、更好地完成公司交代的任务……

从老总屋里出来后，高露露若有所思。

美国加州有一种红杉树。高度大约是 90 公尺，相当于 30 层楼以上，是世上现存的最高大的树木。但令人奇怪的是，红杉的根只是浅浅地浮在地面而已。理论上，根扎得不够深的高大植物，是非常脆弱的，只要一阵大风，就能将它连根拔起。但红杉又如何能长得如此高大，且屹立不倒呢？人们发现，红杉必定是一大片在一起生长，并没有独立长大的红杉。这一大片红杉彼此的根紧密相连，一株接着一株，结成一大片。自然界中再大的飓风，也无法撼动几千株根部紧密连接、占地超过上千公顷的红杉林……

一个人的成功不能只靠自己的强大。一个领导者，不仅要业务水平比较优秀，更要学会与人合作，要不然，不可能把领导当好。职场上，一些业务能力非常强的人往往只能当"骨干"，但是，就是不能当领导。就是因为这些人人缘差，不懂与人合作，在为人处世方面太欠缺，因此，往往失去了职场升迁的机会。

像红杉一样活着，学会借力与合作，你将会成为职场中的一颗雄伟巨木。

向阳处有风景

世界上，阳光有一双神奇的手，她不仅挥洒温暖酿造温情，而且酝酿诗意创造风景。"向阳花木易逢春"，是天时，也是地利，更是一种逢时而发的生机与希望。

一颗诚实的种子，总是渴望阳光的抚摸；一片葳蕤的绿叶，总是追随阳光的脚步。

喜欢太阳花，她那玲珑的面庞，本色、洁净，痴心土地，喜欢温暖。在人们心目中，太阳花是一种很阳光很温馨的名字。拒绝昏暗厌弃阴霾，面向太阳生长，见阳光而绽放，枝枝叶叶都是透明的绿，朵朵圆蕊都是燃烧的红或者冰雪的白。

向阳，绽放，生命中没有黑暗没有忧伤，单纯，简单，生命的枝条上就需要这样的洁净与明朗。

还有，用阳光点燃生命的向日葵，那是完全彻底一生追寻阳光的种子。活着，一生都向着太阳，这是怎样明亮而灿烂的信仰啊。还有迎春、牵牛、石竹、含羞草、风信子……它们的天空里，一定没有灰色的云，没有迷蒙的雾，没有浓黑的忧伤的夜晚。翠色的叶片，散发的融融的暖意；自由的小花，在你驻足的每一个瞬间，都写满了粉色的向往和期待。

向阳，才有风景，人生不也是如此么？

世间，风尘滚滚，疲惫的心难免蒙上灰色的尘埃，烦琐的世事如压在你心头的巨石，使你心情灰暗而沉重，无奈而郁闷的阴霾总是不期然在心间盘旋。这时，你一定会渴望有一道阳光，利剑一般穿过浓郁的云层，让弥漫的阴云顷刻便哗啦啦地全部消散。

向阳，心灵的花园，便不会有霉变的根，不会有潮湿的菌，不会有枯萎的败叶恣意地飘落。有阳光的照耀，虽然不一定有花红柳绿宴浮桥的得意和繁华，但是至少有日见更新的绿色，有随风摇曳的明亮心绪和自由烂漫的诗意的节奏。

人，长不成三叶草，长不成向日葵，但在黑夜中，在这静静的期待里，柔软而丰厚的心地，经历了风雨的洗礼，却能滋生希望的芽儿，却能挥洒感恩、挚爱与善良的阳光。

向着阳光生长，世界不再迷茫。

也许，你不是一棵伟岸的青松，但作为一枝溪边的弱柳，你同样有向阳而立的权利和自信；也许，你不是国色天香的牡丹，但作为一棵院中的月季，你同样有向阳怒放的洒脱和坦然。

每一片云，昨天，都曾是你艳丽的霞；每一粒尘，昨天，都曾是你深情的土；每一滴泪，昨天，都曾是你幸福的泉。

始终如一，肯洒满你心间的只有这大度无私的阳光。生命本无色，只因有阳光的灿烂笑靥，才能有世间万紫千红的春色。

天空没有阳光，就像世界没有绿色的森林，就像田野没有碧绿的禾苗，大海没有千里的碧波，生命没有绿色长城的呵护，脚下不到处都是荒芜的沙砾了么？

把自己当成一棵小树吧，一棵清新的小灌木，在洒满阳光的日子里，自由伸展你柔韧而健康的枝条；把自己当成一朵小花吧，一朵纤巧玲珑的小茉莉，在阳光明媚的岁月里，任性绽放纯净而灿然的小朵。

选择阳光，执著向上，日子清亮；拥抱阳光，绽露笑颜，生命很美。

向阳，花易开，向阳，果易熟。记住一句话：向阳，才有风景。

向弯腰树低头

村子前面有一颗弯腰树，像个佝偻的老人，树根紧咬在坝上，树身弯向大路，拦住了过往行人。这是一棵老柳树，已经有近千年的历史了。当地的老乡把这棵树当成神灵，过年过节都要到树下烧香膜拜。

这是一条古老的官道，从唐朝就开始修筑，沿着长江南岸，自西向东，绵延数千公里。古时候，这条官道是进京的官员、淘金的商旅必经之路。这棵奇怪的柳树，它长得如此粗壮，如此怪异，又如此"野蛮"地拦住人们的去路。到了这棵弯腰树下，骑马的下马，坐轿的下轿，行路的低头，概莫能外。

方圆几十公里的范围内，人们都知道这棵弯腰树，都口口相传着这样一句哲理名言："人到弯腰树，不得不低头。"

我一直在想，在弯腰树下，低头弯腰，这委屈吗？大雪压青松，青松的枝头并不是笔直的，而弯成了一张小弓了，以便让积雪从头顶上滑落。青松因为懂得"低头"，得以完好存活，不像翠竹那样因一味刚强而被折断。青松低头，这是一种韧性，也是一种策略。

作家王蒙在五十年代末被下放劳动。他没有自暴自弃，没有以死抵抗。1963年的一天，王蒙做出了影响他一生的重大决定，为了避开"山雨欲来风满楼"的风暴，他举家离开北京，迁居到千里之外偏远的新疆。王蒙的这个行动，看起来似乎是退缩了，是向当时的"权威"低头了。但实际上，他在新疆16年，勤奋学习维吾尔语言，深入思考社会人生，身心也得到休养生息，收获颇多。"文革"一结束，王蒙便以独树一帜的文风，厚积"勃"发，成为新时期文学界的领军人物。

有人问苏格拉底："天地之间有多高？"苏格拉底回答说："三尺高。"那人不理解，问："人有五尺，天地之间怎么只有三尺，岂不把天捅个窟窿？"苏格拉底意味深长的回答："所以，人要想长久地立于天地之间，就要懂得低头啊！"多么睿智的苏格拉底！当然，低头不是下跪，不是为了苟且偷生，而是为了避开风险，积聚能量，为人生赢得更好的发展。

人到弯腰树，不能不低头——从另外的一个角度看，向弯腰树低头，就是向自然低头，与自然和谐相处，有什么不可以呢？

人生需要负重

詹姆斯·库克是 18 世纪英国著名的航海家，他一生出海 300 余次，曾三度远征太平洋，并探索了太平洋沿岸的海岸线。每次在海上遭遇危险，他都能全身而退。

45 岁那年，库克第二次远征太平洋。当他的航海船队返航时，遇上了可怕的风暴。库克和船员们所在的空货轮摇摇晃晃，眼看就要被风浪吞没。船员们大惊失色，发出了绝望的呼叫。

这时，库克朝船员们下达了一个不可思议的命令："立即打开货舱，灌满船舱三分之一的海水！""船长，你是不是疯了？往船舱里灌水只会增加船的压力，它会下沉得更快，这不是自寻死路吗？"一位年轻的船员朝库克声嘶力竭地喊道。

"没有商量的余地，你们必须按照我的命令去做。"危急时刻，库克的神情比往日更加严肃。船员们只好照办。随着货舱里的海水越来越多，船也一寸一寸地下沉。但是，当海水灌到货舱三分之一的刻度时，虽然海面上依然狂风大作，货船却奇迹般地恢复了平稳。

船员们终于松了一口气。刚才那位埋怨的年轻船员朝库克伸出了大拇指："船长，你能告诉我们这是为什么吗？"

库克望着巨浪翻滚的海面，平静地说："海上发生风暴时，被打翻的常常是一些根基轻的小船，上万吨的巨轮很少有被打翻的。我们的货船卸完了货，根基轻，要想不被风浪掀翻，就必须增加它的压力，所以，我要你们往货舱里灌水。相反，没有压力的空船，往往才是最危险的。"

捷克作家米兰·昆德拉曾说："一切重压与负担，人都可以承受，它会使人坦荡而充实地活着，最不能承受的恰恰是'轻松'。"没有压力的船是最危险的，人生需要一种负重前行的心态，适度的压力，才会使内心不再飘摇，生命才更有韧性。

没有到不了的明天

　　他是在一个雨天骑着一部三轮车摇摇晃晃来的。断断续续的雨点落在他头发上，脸上稀疏浅红的青春痘，像一连串跳动的密码，将他青涩的年龄暴露无遗。旁边店铺的伙计，瞬时停下手头的工作，诧异地看着瘦小的他把车里一大堆沉甸甸的货品拿下来。

　　他硬是咬着牙一个人把车上的货品拿完。地上溅起的雨水，混杂着泥土，落在他那件本已陈旧不堪的衣服上。一个上午的时间，学校旁的小街便树立起一个小小的烧烤摊。

　　每当放学去吃饭，总见他在做烧烤。学校的女生大抵很喜欢这个比他们小几岁的小伙计，或多或少地照顾他的生意。常常有女生对他关心地说：你一个小不点，咋不在学校里待着？此时，他的眼里总闪现出不舍。前方的路，谁又知道会发生什么？未来的事情，就像一个没有解开的谜。

　　从他生硬的动作便可看出，他对如何做烧烤一点都不熟悉。有好几次，他的膝盖碰到烧烤架，炽热的温度毫不留情地烫掉他一块小皮，鲜血溢出。看到他脚上几块红彤彤的伤疤，旁边店铺的伙计好心提醒道：回去吧，这种活不适合你。

说实话，他一个手无缚鸡之力的学生，没有足够的社会经验，亦没有成年人的稳重，在这一条充满商业竞争的街道立足是何等艰难。

不管风吹雨打，每个早上，他都早早地开店经营，从早上一直忙到深夜。经过几个月的生根发芽，他的烧烤摊安稳地扎在小街的一角。吃饭回来，我常常会买上一个烤玉米或者几串烤肉，久而久之，与他逐渐熟悉。我了解到他已经初中毕业，闲来没事，就购买了烧烤设备在这里开一个小烧烤摊，此前他已经调查过这条小街没有烧烤摊，加之这里来往的大多数是学生，因此烧烤应该很有市场。后来生意好供不应求证明了他想法的正确。至于他为什么不读高中，他一直躲闪着不谈。想必，他有着难言的苦衷。

学业的沉重，竞争的激烈，我每天都像苦行僧一样向前奔跑。连续几个坏消息传来，本来已经敲定的奖学金与我失之交臂，申请的三好学生称号也被刷下来，联系好的实习工作又无缘无故没了去向，我的人生似乎一下子跌到谷底，想想，是否我也该和他一样辍学混入社会大潮？

夜晚，他收拾完烧烤摊，我拉着他到附近的餐馆吃饭。他看出我有心事，和我喝了几杯二锅头，趁着酒劲，我迷迷糊糊地把一大堆烦心事向他倾诉。他耐心听着，当我说到痛处时，他不禁跟着我落泪。也许，他被我的伤感触动，又或者想用他的心里话来鼓励我，在我喋喋不休结束后，他用平缓的语气诉说了他辍学的苦衷以及这几个月的艰苦生活。在内心震动不已的同时，我平白地生起愧疚感，与他相比，我的绝望又算得了什么？

这一个夜晚，我们彼此鼓励，用希望的语言温暖对方。分别时，他拉着我的手说："大哥，好好努力，再大的苦难也会过去，你要相信没有到不了的明天！"

去找另一扇门

有一个村子，每家每户都种植甘蔗。但是从这一年开始，甘蔗卖不动了。

卖甘蔗的村民们怨天尤人，表示明年不会再种甘蔗了。这时，有位20多岁的小伙子觉得这样下去也不是办法，于是就把眼光看向了城里。早几年前就有人到城里去过了，但是甘蔗这东西在城里并不是特别好卖，超市里都嫌甘蔗脏，街边的小贩也不愿意卖甘蔗，因为甘蔗是要刨皮的。

他来到城里之后，找到了水果批发市场，水果批发商的说法和村民们的说法是一样的，甘蔗的销售不好！

那天下午，小伙子一个人走得又累又渴，就在公园里坐了下来休息，这时有个做小生意的人捧着一箱切好的西瓜来到这里叫卖，他花两块钱买了一块解渴，在撕去外面包着的那层保鲜膜后，他忽然心想："假如这是个整个的西瓜，我会买吗？"一定不会，因为买来之后首先面临好几个问题：用什么来切，切开后一个人吃得掉吗？扔西瓜皮方便吗？而这一小块切好的西瓜，就将那些后顾之忧全都省掉了！

把所有让买卖双方都觉得不舒服的因素都去掉！他忽然间意识到这一点，这样一想他的灵感顿时上来了：如果将甘蔗刨皮后再用真空保鲜袋装起来，那无论是卖的人还是买的人都不会嫌脏了！他忽然触一及百地想到了很多：将甘蔗去皮后砍成一截截，用真空袋子包装起来，分为即食装和礼品装两种，另外在礼品装中再分出一种存放期更长的甘蔗：把甘蔗砍成一截一截却不刨皮，在甘蔗的两端切口包上保鲜膜装进礼品盒中，这样一来就把甘蔗的档次给提高了，而且卖的人不会嫌脏买的人拿起来也方便，送人也体面了许多。

半个月之后，他的甘蔗几乎遍布了城里的大街小巷，而他的加工作坊也到了供不应求的地步，就连外地的客商也纷纷来订货。这时，镇上的一家企业主动找上门来与他合作，把规模扩大了起来，订单一张张地接踵而至，原本无人问津的甘蔗顿时成了市场上的抢手货！这是前不久发生在浙江一个农村里的真实故事！

有句话是这样说的："当上帝为你关上一扇门的时候，总会在别处为你打开另一扇门！"是的，对于我们来说，假如上帝真的为我们关上了一扇门，而我们却依旧死死地盯着那扇门发呆是没有任何意义的，最主要的就是去寻找到另外那扇打开着的门！

人生尽全力就够了

小时候在幼儿园，常常玩一个游戏，小朋友们围成一圈，老师挑选六个人站在中间，只有五个座位。大家拍手唱歌，中间的孩子就绕着座位跑，音乐突然停下来，六个小朋友们就要去抢座位，往往有个人会多出来，不知所措地站着。

长大后，体育课玩"贴膏药"，也会有人尴尬地多出来。敏感的少女时代，我只会冷眼旁观这些集体游戏，尽全力找理由推脱。我是不喜欢这种残酷游戏规则的，因为注定有一个人会多出来，再认真再努力，也会成为失败者。

"我任何时候都以工作优先。"为了得到工作职位，坐在我对面的大学生们激情澎湃却稚嫩地夸口承诺。前两天我们领事馆招收新人，几百人申请，我当面试官，但只招收两人。突然想到，原来无论做什么事、长多大，我们都逃不出"抢座位"这个游戏。

我一直很好奇，当众人关注得到座位的胜利者的欢声笑语时，那些多出来的失败者们，他们都去了哪里？

初二时，年级动员大会上，老师问"想去高中部的同学们举手！"台下纷纷高举起手来，讲台上的老师很满意地点了点头，说，"年级排名前100名的，就有希望去，大家好好加油。"我冷冷地想，300多人，大家都想去，即使拼了命努力，也会剩下200人，他们要何去何从呢？

受不了这些压力，也叛逆地觉得学校呆不下去的时候，中午逃出校门去了家医院，对着医生很难过地说："叔叔，我该怎么办？世事艰难，我去不了重点高中，考不上一本大学，我是个废人。"中年男人耐心地接待我这个问题少女，温和地说："我周围的人，也不都是重点学校的，一样在当医生，活得好好的啊！"他打电话叫了我的父亲过来接走我。

父亲出现后，竟然没有生气，他对我这样任性倔强一定要找到意义的青春期女儿，似乎已经无奈。他没有直接带我回家，只是说："走，带你去吃好吃的。"当我嚼着饭菜，坐在对面的他说："其实你不需要很优秀，尽全力就够了。"

转眼快十年过去了，并不是教育家的父亲，虽然从未对我解释过"尽全力"到底意义何在，但一路走一路反思的成长岁月里，我为自己找到了为何要好好读书的真正意义：并不是为了去抢座位，而是更有权利更有底气去选择自己想要的生活。

当我讲了一口流利的英文，和考级和雅思无关，而是在与外国同事沟通时,双方能够真正合作解决问题。当我学好了一门专业,和一纸证书无关,而是为了实现指标时,能够尽可能减少耗费的时间和人力物力。当我待人接物落落大方时,和比赛奖状无关,而是使身边的人喜欢和我相处,每一天上班自己和别人都很愉悦。

每朵花都会努力绽放,但是往往有的开得早,有的开得晚,最后却都逃不掉凋谢的命运。青春也是如此,我们都会有一天老去,送自己的孩子上高考战场。当我们站在考场外,在烈日里翘首企盼的时候,会不会有那么一刹那被唤醒,其实花凋谢后,生出来的果子才是一棵植物的精华?花期太短,再美丽绽放得再早也有一天会谢,而果子,却是需要肥料和阳光的滋养,还有长时间的细心照顾,最甜的果子未必曾是绽放得最猛烈的那朵花。

那个没抢到座位的孩子,你的人生,可能会比想象中更厚重更精彩。

在得到赞赏之前，
请认真做事并且耐心等待。

你的坚持，
上帝会知道

只要你不急功近利，

一步一步地坚持走下去，

时间就是最好的伯乐，

你想要的时间都会给你。

你的坚持，上帝会知道

认识朋友小Ａ的时候，他已经从导游成功转型当了旅游达人。整天满世界飞来飞去，免费住各种豪华酒店，吃各类精致的美食大餐，到不同的国家看不同的风景，遇见形形色色的人。免费环游世界，吃的好，住的好，这是多少人的毕生梦想呀。

可当我有点羡慕嫉妒恨地对朋友说："你的工作也太爽了，该遭多少人羡慕嫉妒恨呀。"朋友微微一笑，说："与之前当导游时的生活相比，现在确实要舒适开心很多。可是你知道吗，我现在这份工作是我坚持写游记几年后得到的。做导游的那些年，我白天带团，晚上不管多晚、多困、多累，都会坚持。那时完全是凭着对写作的一腔热情，而这一写就坚持了好几年。"

我说："这是你的坚持为你赢得的赞赏。"

时间真是一个奇妙且公正的东西，你整天大吃大喝，时间久了就会发胖；你每天坚持锻炼，时间久了体型就会变得很精美；你整天游手好闲，那么即使有万贯家产时间久了也可以坐吃山空；

你勤勤恳恳地努力挣钱，时间久了也可以白手起家。

因为，你做的每件事，你是否真的坚持认真做一件事，时间都看得见。坚持认真做一件事，时候到了，你自然会得到赞赏。曾经看过一篇文章说，一个人如果愿意坚持七年去做一件事情，就可以成为这一行的专家。只要你不急功近利，一步一步地坚持走下去，时间就是最好的伯乐，你想要的时间都会给你。

大学期间认识一个男孩，长得高高大大，人却傻傻乎乎的。军训的时候，教练让人表演节目，他就自告奋勇地跑上去，傻傻的样子还没有开始唱歌，台下的人已经笑成了一片。很多人都说他"傻"，总是想方设法去戏弄他，让他做很多自以为聪明的人不愿做的事情。但大学第一学期的英语四级考试，让我对他有了全新的认识。

那次的四级考题确实有点难，很多人的考分只是刚刚过420分的及格线，有些甚至都没有考过，而这个被我们嘲笑傻子的人因为不偷懒、不耍滑、勤勤恳恳、认认真真地坚持学习英语，在四级考试中竟然考了500多分，让我们很多"聪明人"自愧不如。

原来，我们并不是真的就比这个被我们称为"傻子"的男生聪明。其实，聪不聪明真的没有关系，很多自以为聪明的人不一定就会功成名就。仗着聪明自大自负，不再努力，最后也很难有所成就。突然想起了妈妈经常挂在嘴边用来教导我的那句老话，"聪明不干，等于笨蛋"。

单纯地靠天分去获取成功的几率，真的要比中六合彩还难。真的笨一点的话，又怎样？不是还有笨鸟先飞、勤能补拙、熟能生巧嘛，所以笨一点不可怕，只要选对方向，愿意勤奋就好。最怕的是懒惰，或者自以为聪明而沾沾自喜，自负自大。

其实想想，只要我们真的想做一件事情，不急功近利，认认真真地坚持努力着，我们想要的时间都会给的。因为，上帝会知道。所以，在得到赞赏之前，请认真做事并且耐心等待。

别沉溺于弱者的姿态

苔米小姐刚踏入公司那会儿，同事对她的印象都还不错。

"我刚进这个公司，在座的都是这个公司的前辈。我觉得用一句诗形容自己再合适不过，那就是袁枚的'苔花如米小，也学牡丹开'，我觉得自己就像小小的苔花，要多向各位前辈学习才是。"那一天，苔米小姐第一次进行了自我介绍，大家对她频频点头，觉得她是一个谦虚的姑娘。

苔米小姐被安排到客服部实习。渐渐地，苔米小姐的经历人尽皆知，倒也不是谁有意打探她的隐私到处嚼舌根，这些故事的传播者不是别人，恰恰是苔米小姐自己。

苔米小姐出生在一个小镇上，她家没有车，因为经济原因也没有上多好的大学。大学谈了一次恋爱，可惜分手。毕业那年本来很有希望考上公务员的，可是后来被一个有后门的家伙给挤出了局。"我就是输在了起跑线上"，是苔米小姐对很多问题的答案总结。

和她一起进公司的还有一位牡丹姑娘。

牡丹姑娘的家境确实比苔米姑娘好太多，从她的穿戴打扮上就能窥见一斑，不过她从来不在公司里说自己的家长里短。在同事关系方面，牡丹姑娘的处事风格和苔米小姐完全两种概念，她不太计较，并且总是乐于分享。

两个月后，公司举行转正评审会，领导让这两个新人分享工作心得。牡丹姑娘落落大方，分享自己过去工作中一些不错的方法，同时也对工作的不足做了反思。然后同事和领导就她的工作逐一进行点评，牡丹小姐更是觉得这是一次难得的学习机会，对每个同事的发言进行了认真记录，便于自己回去整理总结。

轮到苔米小姐，"哎呦，我真的不行，你们就别为难我了吧。"苔米小姐略带撒娇的口气。

"没什么，别怯场啊，来，大家给点掌声鼓励！"大家鼓起了热烈的掌声，苔米小姐涨红着脸上了台。

"我真的不行，在各位前辈面前，我真的不知道说什么好"，苔米小姐说。

"哎呦，你就说说撒，又不会把你怎么样。"在座的经理开始有些不耐烦了。

苔米小姐便拿出一张便签纸，像是应付差事一般匆匆念完了事。"没啦？"领导问。"我说了我真的不行。"苔米小姐把纸塞进口袋，回到了座位上。

两位姑娘被请到外面回避，里面的评委同事们顿时炸开了锅。

"这个苔米啊，有一次被客户气哭了，我问她怎么回事，她说客户欺负她，这样的玻璃心在公司里哪能吃得开呢？"销售部A不无担忧地说。

"别提了，我后来找她面谈了好几次，说有不懂的就说，大家都挺乐意帮你的。可她依然没有听进去，都两个月了做事依然没有丝毫长进。"行政部的B说。

"我看这个苔米姑娘啊，问题出在她自己身上。"德高望重的副总C缓缓地说。"她老觉得自己这也不行那也不行，渐渐地竟然成为一种天经地义的推脱借口。有时候你交代她干一件事，她的本能反应就是各种推诿，因为她怕承担责任。有一次客户找到公司来说要投诉，我让她出去解决下，她总是感觉自己很弱小，摇摇头说自己不行。你不行可以学习嘛！谁又不是天生就会的！"

财务部的D大姐也发话了："前不久公司审计，我需要客服部给我提供一些数据。结果找这个苔米小姐，她就说自己不行，我就给她鼓励，可是她依然摇头，其实这并不是一项多么艰巨的工作。后来我找到了牡丹姑娘，听说我着急要，她二话没说，做完手头工作后，下了班加班加点给我整理数据，到晚上十点整理出来及时发给了我，正好不耽误第二天的审计进度。要我说大家都是成年人，你老觉得自己不行，机会可不会永远等你哦！"

最终评审结果出来了，苔米小姐没有通过考核，牡丹姑娘被留了下来。

苔米小姐得知结果之后，睁着盈盈的大眼睛，幽怨地说："看来我真的不行。"苔米经过一桩桩一件件的挫折之后，便越发觉得自己真的"不行"，她感觉自己糟透了，好像什么事也做不好。

其实，每个成年人都会明白，谁生下来的第一声啼哭就是一首歌呢？人与人之间确实存在先天的差距，比如家庭、资质、见识，等等。然而等我们长成大人之后，我们需要学着为自己的人生负责了。遇到不顺心的事情，抱怨一下父母、命运确实容易得多，然而这种行为并不能让我们发生任何改变与成长，与其如此，倒不如留点气力鼓足勇气迈出改变自己的第一步。

苔花如米小，也学牡丹开。任何时候，即便你是一朵小小的苔花，也不要妄自菲薄，请拼尽全力绽放出属于自己的芬芳，像高贵的牡丹花一样，傲然盛开。

当你一味沉溺于弱者的姿态，你将错过人生精彩斑斓的风景，直到最终郁郁寡欢、一事无成。弱小绝不是懒惰沉沦的借口，而是激励自己日渐强大的理由。

冷板凳也是修炼圣地

　　朋友锋现在在一家公司的海外分公司负责市场相关工作。虽然从小到大，锋都有一个去海外工作、生活的理想，但是两年前，锋还在国内的分公司兢兢业业，看不到任何去海外工作的机会，也早没了背井离乡去海外工作的决心和勇气。直到某天，这一切被命运那只看不见的手所改变。

　　那是一个再普通不过的早上，锋再一次顶着加班至深夜的大眼袋和黑眼圈，早早地来到公司开始新一天的工作。老板派了秘书来叫锋过去喝茶，老板只是简单询问了几句最近工作开展的情况，就切入了正题。

　　老板打算对锋的岗位进行一次调整，把锋一直拓展和维护的渠道交给另外一位同事负责，锋则被调整到另外一个贫瘠如鸡肋的项目中去。大家都看在眼里，锋目前负责的渠道，从无到有，再一步步到欣欣向荣，是锋加班加点、一点一滴铸造起来的。目前，渠道的运营在锋的努力下已经步入正轨。

老板说，现在渠道已经步入正轨，谁做都一样会运作良好，所以，他计划给锋一个有挑战性的新项目。他所说的那个新项目可谓贫瘠如荒漠、寸草不生，之所以这样不会出成果的项目还存在，只不过是出于公司更长远的规划，不计较眼前，姑且维护常规运营。说白了，老板给锋调整的新岗位就是一个众所周知的冷板凳，是一个谁做都不会有太大不同和进展的项目。

而锋辛辛苦苦耕耘的渠道，则被调整给了一个无所事事的有关系的同事。确实，渠道一旦运作良好，再差也不会差到哪里，所以那个人白白捡了个现成的馅饼。

锋为此抑郁了几天，也只是几天而已。新岗位没有那么多需要加班加点的事务，上班的时间足够锋处理完手头相关的工作。于是，锋重新收获了属于自己的下班时间。不再那么忙碌的他开始捡拾起自己荒废的英语，英语读写渐渐开始游刃有余，目的无它，仅供自我充实而已。

但是，某天，在一个内部招聘的信息中，锋看到有自己心仪的海外岗位，于是毫不犹豫地投了简历。经过重重选拔之后，锋顺利拿到了这个岗位。竞聘这个岗位的内部员工，大多都有着相似的工作经历和业绩表现，于是最终起决定作用的恰恰是以往日常工作中不常用到的英语。

锋就这样在冷板凳上为自己修炼了一个新的出场机会。在收拾东西离开的那天,锋看到老板站在办公室门口,讶异地看着自己,一如最初知道他要竞聘这个岗位那般吃惊。

锋说,虽然在那些立志扎根国内的人眼中,他的新机会并不具有丝毫的吸引力,但是在冷板凳上,他实现了自己儿时的梦想,这是自己新的出场机会。

我们每个人在漫漫人生路上,都不乏坐冷板凳的机会。有时,我们可能也会遇到锋所遇到的这种状况。明明你很努力,却被人轻易地搬走了你暖热的那个板凳。眼看着你种的果树就要挂果了,摘果的那个却不是你。这种境遇,任谁怎样的痛心疾首,似乎都无可厚非。

即使,并非出于具有针对性的恶意,我们也难免会有"受摆弄"的时候,被迫接过一个冷板凳。然而,最好的回应却只有一个,就是给自己修炼一个出场机会。

几年前,在一次公司内部大改革中,本来技术含金量很高的某部门,瞬间就变成了冷板凳。有人离开了,有人留下了却好似离开了。有一位同事就在这样的改革潮中,"顺利"坐上了冷板凳。他没和那群离开的或者消极留下的人一样抱怨,只是默默接过"冷板凳"放到屁股底下,每天依旧如往常般敬业。大约过了两年,他考过了注册会计师,平静地办了离职。这时,大家才知道,他早就一直在默默修炼下一个出场机会。

要知道，这个世界并不总是善意，偶尔也会恶作剧般给你一击，然后狡黠地躲在一旁看着你作何反应。面对生活给的冷板凳，乱了阵脚，只会引来恶意旁观者的得意，和善意关心者的心疼。

所以，不全以善意揣测世界，亦不以恶意攻击世界，是我们面临此种境遇最大的冷静。

每张冷板凳都有不同的产生背景和最适合的对待方式。而且，并不是每张冷板凳都是别人递过来的，有的冷板凳也只是与自己能力级不匹配的产物而已。到底，是那个冷板凳配不上你，还是你配不上一个热乎乎的位置？

无论是哪种情况，最无可救药的就是"立志"把冷板凳坐穿。只怕在你打算坐穿冷板凳之际，别人却打算连冷板凳都抽走了。这时，不怨天尤人，不好高骛远，我们能做出的最好的回应就是冷静修炼，或重新登场，或华丽转身。否则，冷板凳会一直冷下去，寒彻心扉。

没有必要和自己的体重较真

每个月的 25 号都是我给我家猫量体重的日子。猫这种生物是不可能老老实实地站在秤上等着你去量它的，我得抱着它量一次、放下它再量一次。然而就在这两次上秤之间，我也知道了自己的体重。嗯，过百了。

作为一个身高刚到 1 米 6 的姑娘，体重秤上显示的三位数格外刺眼。这个时候我才真正意识到，为什么衣柜里的那些男友款最近怎么也穿不出宽松感，为什么以往穿得最舒服的牛仔裤得先系上扣儿才能拉上拉链了——不是它们变心了，是我变形了。

接受这样的事实并不容易，可衣服还是要买的。马上就要到短裤季了，我向每一个熟识的淘宝亲撒谎说我还是那个 90 斤的我，亲们殷勤地接话：那为什么要选 36 码，选个 34 码就可以了呀。我皱了一下眉头，打下了让我此生都难平悔恨的一句话：那就来 34 码。

三天以后，快递小哥送来一个箱子。试穿之后，我在心里狠狠地啐了说谎的自己一口。

其实，这次并不是我人生中第一次体重过百。上大学的时候，因为不停地吃零食和几乎不运动，我以润物细无声的姿态、用一个春天加一个夏天的时间，从不到 90 斤默默地长到了 110 斤。秋天开学的时候，我班换了一个新的专业课老师，几堂课后，新老师颇为惊讶地问我：你专业课竟然这么好，我一直以为你是体育生！……你不是么？铅球铁饼那个叫什么项目来着？田赛还是径赛啊？

我在巨大的羞耻感中一日三餐只吃全麦面包喝酸奶，实在挺不住了就啃个水煮苞米，有的时候饿得一点劲儿都没有，还咬着牙强挺着去操场走圈儿，就这样以巨大的毅力瘦回了 90 斤。瘦下来之后得到的最高评价是"连气质都不一样了"，修身款牛仔裤和无袖连衣裙是不会说谎的，吹口哨的男生也不会。

减肥成功带来的一切让我的虚荣心得到了极大满足，同时也让我暗暗感到恐慌：大把大把地掉头发、身上时不时地长满小红疹、看到食物就想吐……没有人注意到这些隐藏在表象之下的隐患，女生们总是围着我唧唧喳喳地打听减肥秘籍，我好像变成了一个会发光的人。但这也正是最让我害怕的，我的价值竟然由我的体重决定，似乎我每瘦一斤，我的未来都会更平顺一些。

我曾经买过一本书，叫《世界上的一切都是瘦子的》。买书的时候我还是瘦的，我心安理得地认为，美好世界的大门只向瘦人敞开，只要胖，就活该千夫所指一无所有孤独终老。且不论先天就吃不胖的基因赢家或是餐餐算着卡路里吃喝的律己模范，甚至连经历了九九八十一难才瘦下来的我自己，也对胖人充满敌意，身条儿窄了，心好像也跟着变窄了，隔壁班的胖姑娘撇着脚走过人群的时候，我总是笑得最大声。我曾经胖得特别委屈，但我没有反抗，我把我的委屈转嫁给了曾经和我一样的人；我没有回击，反而更讨厌胖人，甚至从前的自己。

接纳自己，是 20 岁时候的我怎么也没法学会的课题。

现在，我快 30 岁了，我又胖到了 100 多斤。不管怎么找借口，我还是会因为"胖"这件事焦虑。尽管同事早在一段时间以前就含蓄地问我是不是最近吃得有点多，但如果不是实打实地亲眼在体重秤上看到这个数字，我可能依旧在用"我一直是瘦的我一直是瘦的我一直是瘦的"这样的想法来麻痹自己。从 20 岁到 30 岁，十年过去了，我依旧在意别人看我的眼光，依旧对体重的增加感到焦虑。

可问题在于，我应该为此感到焦虑吗？

凭心而论，我现在的状态其实很不错，胃口好、睡得香、头发浓密、皮肤有光，眼睛看书手上闲得无聊的时候，还能捏捏肚子上软绵绵的肉，除了一边打量我的腿一边啧啧啧的损友让我心烦以外，好像也没有什么不妥的地方。我得承认，在娱乐新闻里看到女明星水葱儿一样的细白腿，有的时候我也是一脸痴迷，但我心知肚明，我再也不想为了"瘦"这件事用尽全身力气。人们恨不得拿出一套精确到分毫的标准，去量化一个原本应该是各花入各眼的抽象概念，一旦有人不在这套标准之内，就会被人嫌弃。胖点没错，错的是有些人对"美丽"的定义似乎单一了点。

我热爱美食、偶尔运动，我没有自暴自弃，也不是在为自暴自弃找借口，因为没有人的价值是由体重决定的。

可能有人会反驳说，"瘦的时候你占够了便宜，现在胖了又喊口号，全世界的话都让你说尽了"。在此，我要拿出这样一句至理名言：当你减了 20 斤时，那可能是你最优质的 20 斤，里面或许包含了你的天赋、人性、爱和诚实。翻译成更通俗的说法就是，别说是不吃你家的粮，就算吃了你家的粮，我胖我愿意，瘦了我也愿意，我没有必要为自己身上的任何一块肉感到羞愧，更没必要向任何人道歉。

接纳自己，不跟自己较劲，不找自己别扭，我们都能离幸福更近一点。

接纳自己

每个人都是对自己最好的人。这是个毫无争议的原定理。

我过去总是想用飞黄腾达的方式对自己示好。我想让自己优秀得出乎意料，巨有钱，巨有才，巨有地位，以便让别人对我刮目相看。我得把自己捯饬得巨有能耐才能达到这样的目的。看电影的时候，银幕上的李连杰身手太不凡了，一个营的人和他过招他也不怕，把所有的对手打得屁滚尿流。我就想，我若是有这样的能耐就好了，我就谁也不怕啦，老板见了我也得低三下四了，流氓小偷什么的见我还不得赶快喊我姑奶奶？要是我老公不停我的话，我就来一个这样的身手，保管他向我求饶。

可是，在这个过程中我发现自己的毛病太多了，缺乏的能耐太多了，比别人低能的地方太多了。这样的发现越发让我努力拼搏，天天向上，我想流下比别人多些的汗水弥补我的欠缺。可是，我发现这还是杯水车薪，我根本比不过太多的热门，在一些领域，我简直就是最弱小的那一拨人。倒是我天天向上的欲望让我着急，让我焦虑和烦躁，让我的内心像个小动物似的静不下来。再后来，我发现只要我安静不下来，我就不会幸福。何止是不会幸福，安静不下来一定就会导致痛苦。我从来没有在焦虑中感受到开心和快乐。

我过去的生活状态完全可以拿开快车做比喻。每一次我开车，需要在短时间内抵达目的地，我开车的过程就会万分焦虑，红灯来了我就要烦死，恨不得越过前面的车子，像电影里面的飞车手赶到前面去。我太想多快好省啦，太想像国际飞车比赛中的快车手那样拥有绝技，

然后获得别人的肯定。用这种样式去开车，实践的不仅仅是"欲速则不达"这么一种成语中的必然规律，还会撞车，再快了就会被撞死。

真实地情况是这样的：我的车技太平常，我从来不是个飞车手，我甚至连个有经验的司机都不是；现实还告诉我，十字路口和非十字路口有太多的路况不是很好或者很不好。红灯的时候我必须等，必须排队，不排队，就要撞上别的车。把车撞坏再去修，其实是一个很不经济的行为方式，很不好玩。

从来没有在急躁的开车之中体会到行驶的快感。生活在急躁之中的我也同样体味不到生活的快感。

那一天，印尼发生海啸，李连杰恰巧在印尼玩耍。那一天，

李连杰差点被海水吞噬。李连杰能躲开死神，完全不是靠他的绝技，而是他的运气。身怀绝技的李连杰在大自然面前也是条虫子，海水淹死他原本也像淹死一直鸡。是的，生活是和大自然一样的庞然大物，小小的人类哪有什么超自然的绝技？

我开始试着接纳自己。我开始允许事情在我的身上发生。我觉得很多东西不是我能掌控的，比如，我美貌比不过别人，我就接纳自己的不美；比如，我才智不如哲学家，我就做个哲学家的粉丝。我甚至在诸多方面比不过送水的、配钥匙的，比如他们的耐力与承受力，他们的细致，我就不具备，我就允许自己的虚弱。我在物质生活中连个普通的女人都不能比，她们能做很多好吃的、好玩的，可我除了写字什么也不会。我木讷于和别人的交往，这必须得忍受更多的寂寞，我就安稳于自己选择的这种寂寞……我的基因中有着所有祖先汇集起来的集体潜意识，我的很多罪性源于这种千万年的集体潜意识的积累。我得允许自己接纳这样的罪性。人类的诸多痛苦基因就深埋于我正在短暂活着的生命之中，我的一些痛苦源于我是人类这个事实。我要允许我是有痛苦有弱点的人类这么一个事实。我要允许我是有痛苦有弱点的人类这么一个事实。

现在我开始学着接纳自己，不跟自己着急。我技不如人了，我就允许自己技不如人；如果因为某件事情生气了，我就允许自己生气，生气是人的七情之一嘛。别人对我冷漠了，这太平常了，我不也冷漠着太多的人嘛。就是我丢钱了，我也试着让自己快快安下心来，无常原本就是最大的正常嘛。

一旦我发现接纳了自己，我发现那些生着的气一下子就没了，就像气球被扎破了一个孔，里面的空气开始消散，它就瘪下去了。

我正在做着这样的修持。我在这样的修持中得到的好处，就是一点一点地学会了安静，学会了不和别人计较，学会了一点一点回归自己。我还经常发现我有向外的欲望在扩张，我也允许它们的存在。我知道现在的我还在处于这样欲望的共存之中。我一点一点进化者自己，在伟大和巨无霸的生活之中。

我知道这是我对自己最大的仁慈。是的，接纳自己，是所有仁慈当中，对自己最宽厚最温暖的仁慈。

于浩出生在江苏常州一个偏僻的小山村，家境贫寒，但自小聪明好学，学习成绩独占鳌头，备受老师和同学们的好评。

高中毕业的于浩由于成绩优秀，获得了去美国留学的机会，但必须自己负担高昂的学费，倔强的他还是毅然选择了去美国。

为了减轻父母的负担，于浩想找一份收入较高的兼职工作。那天，在唐人街餐馆打工的他无意中得知美国通用汽车公司招聘一名普通的推销员工。他兴致勃勃地前去应聘，并凭借自己出色的口才力压众多应聘者，最后一关面试只剩他一个人了。看来这个年薪3万美元的职位非他莫属了，他美滋滋地想。

"你会开车吗？"主考官冷不防地问道，"因为我们这份工作的性质是移动促销，需要开着公司的车出去集体展销，然后发挥你的口才卖车。"

想想自己初来异域，连车都没摸过，更别说什么会开车。但为了争取到这个非常诱人的工作，于浩立即斩钉截铁地回答："会！

没问题。"于是，公司主管当即通知他下周一就来上班。

应聘完出来后，于浩心里忐忑不安，但想到这是一次难得的机会，最后他决定豁出去了。于是，他从朋友那儿借了辆破旧的小篷车，在朋友的指导下，第一天他就认认真真地完成了全部理论的学习；第二天，他在大草坪上实践操作驾车，反复练习，晚上困了就睡在驾驶室；到第三天，他竟可以驾着这辆旧车蜿蜒着行驶在公路上了。

周一，于浩准时来到通用公司上班，虽然车技很差，但第一天工作就这样对付下来了。由此，凭借出色的口才和毅力，他在通用公司工作了 10 年，共卖出了 8800 辆汽车，并创下了一年卖出 1000 辆的最高纪录，据说他这个销售业绩已被收入吉尼斯纪录。

时至今日，于浩已经是通用公司的推销部经理。

当被问及成功的经验时，于浩讲了这样一个故事：一个小男孩性格非常倔强，他想要的东西，总会想方设法得到。在他读小学四年级的时候，他特别想要一部电动玩具车，可家里穷得连肉都吃不上，根本没有多余的钱来买玩具。但他没有放弃，从家里搜出家谱，对着爸爸一个个盘问哪个亲戚家境比较好。他一个个问，爸爸一个个否定，经过一个小时的对答，他把目标锁定在远房表叔的身上。在那个晚上，他当即写了一封长达 10 页的信给城里的表叔，希望对方资助"10 元零花钱，圆一个小小的梦想"。表叔看了他的信，感动得热泪盈眶，立即给他汇了 10 元。

最后，于浩对采访者说："你们知道故事里那个男孩子是谁吗？他就是你们眼前的我。从那个时候起，我就懂得了做任何事，都要用心去做到极致，而不要随意说你不能或者你不会。因为只要你尽到最大的努力，就没有什么东西学不会或做不到。"

平静的力量

那天，将写满了一张毛笔字的毛边纸拿给内行的同事看，他指了指前两行，赞叹说："瞧这几笔，像模像样，可圈可点，一看就知道是心静时写的，看从这个字开始，你的心就乱了！"末了，他意味深长地说："想啥？心不平静，下笔就无力无神。毛笔字练的就是静心！"

听了这话，我暗暗惊诧：刚才因为一些繁琐小事搅得我心慌意乱，那份平静的心态倏忽之间便消失了，所以字迹大变，形容溃散，而不能守一。再看字帖上的字，越看越爱，那力透纸背有棱有角好像要立起来的字，分明是空明的平静汇聚在笔端，那静似乎嘀嗒嘀嗒敲着写字人的心，从笔尖流溢出来。所以练书法功夫日久，练的就是深水流渊的平静。

看《艺术人生》，当红青年演员陈坤说了一句话："一个人引起别人注意，不是你伸长脖子，瞪大眼睛，张大嘴巴，吸引别人的注意，而我想做一个坐在人堆里，不说一句话，别人也能注意到你的人！"虽然他说的只是很表象的东西，但是说来说去，不说一句话坐在那里就能引起别人注意的，就是平静的吸引力和穿透力，那就是平静的力量。而这种平静不是乏味，不是空洞，不是苍白，而是丰富内心的秩序井然，是对自我的一种自觉的控制，是不以物喜，不以己悲的做人境界。

但是平静的功夫并不仅仅是沉默，更多的时候是一种审时度势，是一种气韵，是一种智慧，经过你时，便赋予了一种力量，一种可以战胜一切，可以不战而屈人之兵的力量。出租车女司机遭遇劫匪，当刀顶在她的腰间时，她没有惊慌失措，而是平静地用温和态度应对，硬是用平静的力量让穷凶极恶的劫匪自动放弃犯罪。被捕后，一名劫匪道出了女司机征服他的原因：从来就没有见过如此平静的被绑架者。这平静到让他们慌了神。这种平静就是机智，就是临危不惧，是"泰山崩于前而色不变"的英雄气概。

平静更是一种高贵。曾经看过龙门石窟的雕像，最吸引我的便是卢舍那的表情，据说是模仿女皇武则天的表情雕刻的，慈眉善目似有若无的笑容像是从骨子里流出来的，那笑容就是居高临下涵盖万物的平静，是一种让人大气也不敢出的尊贵。

然而，大多的时候，平静的力量表现在一种常态中，临窗独坐，静心听得风在吹，树在摇，是一种悠闲的平静；身处喧嚣，毅然稳坐茹素，面对嘈杂的你争我抢，弱水三千，我却只取一瓢来饮，是一种淡泊的平静；居高临下，俯瞰世事如常，如过眼云烟，是一种泰然的平静；面对挫折，一如既往，坚定不移向目标挺进，是一种坚韧的平静……

平静包容着一切，平静征服着一切，平静无处不在。所以不必一味追求所谓的成功，而应追求一种平静的心态。因为有了平静的心态，成功就一定离你不远了。

上坡和下坡

以前我在一家大型民营企业里工作过，这个集团的副总裁是个很让人发自内心尊重的人物……

副总裁打工出身，20世纪90年代初，高考落榜的他南下深圳打工。

开始的时候，作为普通员工的他在车间流水线上，因为给公司提了几条合理化建议，在不影响产品质量的情况下简化了两条生产程序，为公司节省了可观的生产成本，得到总裁的赏识，于是调到质检科，工资一下子翻了一倍。面对以前并肩工作的车间工友们的羡慕，他没有一点得意的神色，也没有疏远大家，周末休息的时候依然主动来找大家一起喝酒、一起逛街、一起打扑克。要好的工友生病的时候，他依然抽时间探望甚至陪床。

这很是让大家感动。

后来，他被提拔为质检部部长。一次，他查出一批次品，经过调查，发现是他以前的一个要好的工友因为工作时精力分散而没有正确操作好机器造成的。根据公司的规章制度，这个工友要被罚 2000 元钱。经过了解，他知道工友之所心思不集中，是因为父亲在老家生病住院，近期准备做手术，他在为父亲的手术费发愁。

知道这个情况后，他自己把这 2000 元罚款垫付了，后来又组织以前车间的同事们给这个工友捐款几千元，把这个工友感动得蹲在地上嚎啕大哭，很多女工也被感动得掉眼泪……

后来，他被提拔为集团副总裁，如果他想批评哪个下属，他就请这个人在集团附近的小酒馆吃饭，边喝酒边批评，然后让对方换位思考自己作为领导的难处。一顿酒喝完，对方心服口服地承认错误，并且竖起手发誓以后不再犯这样的错误。他听了很高兴，于是两人又郑重地碰一杯，算是"一言为定"……

那年冬季，一个车间发生火灾，虽然及时扑灭，但是损失依然高达几百万元，并且受到了主管部门的严厉批评。他是主管生产的，车间出了火灾，他自然有很大的责任。总裁一生气，干脆把他撤了，其实就是"晾起来"了，没有任何职务，但是，工资照发。

让总裁没有想到的是，当年年底，公司评选优秀领导，已经撤职的他居然以高票当选。已经没有职务的人居然被大家选为优秀领导！总裁在惊诧的同时不得不重新"打量"他的人格魅力。

不久，总裁就想明白了，自己集团里员工跳槽率这么低，公司内部之所以这么有凝聚力，都是他的功劳，他用他的真诚和善良化解了员工间的一些纠纷，用他的谦逊的人格魅力感动着大家，大家觉得有他撑腰，工作起来心里很是踏实。

撤职后三个月，他又官复原位，总裁知道这个副手的作用真是太大了。

前不久，我去深圳出差，专门看望了他。我提出了这个疑问：一个普通打工仔奋斗成大公司的高管了，是怎么把心态保持得如此平和的？他哈哈大笑："你就记着一点，这一辈子，谁也不可能永远向高处走，到了人生高峰后，都有走下坡路的时候，所以，当你向上爬的时候，一定要善待身边的人，因为下坡的时候，你还会遇到他们……"

出差回来后，作为一个部门领导，员工们都说我一下子变得亲切了，这种亲切让他们很不适应，感觉"很奇怪"。

其实，没有什么奇怪的，因为我已经明白了一个道理：往上爬的时候对别人好一些，因为下坡的时候还会遇到他们……

相处的最佳境界

我不会喝酒，喝点啤酒脸都会变得绯红。

揭开盖子，色子点数又比庄家的点数小，我无辜地微笑着向饭桌上的几位朋友张望，狡黠地转动眼珠，想着怎么赖掉这杯酒。

饭桌上都是些趣味相投的朋友，大家提议玩这种游戏，我欣然接受。

我胆怯地望一眼酒杯，又歉意地笑着四下看看，犹豫着端起酒杯。这时有人发话，采取折中的办法：吃一口菜或喝半杯茶水。那时就有人替我代酒，及时端起酒杯一饮而尽，还有些许关切、担心的眼神，更有没说出口的关怀流动在空气里，人听不到、看不到，只有我内心能感受得到，我喜欢被这样的氛围包围着。

赖酒是游戏的另一个游戏，要比摇色子更有趣，是需要点小智慧才不会喝输掉的那杯酒，等真的赖掉不喝，那时会有小小的成就感，窃喜是肯定的。只是男人们不懂，硬要在饭桌上、酒场里逞英雄。

我的歌声不动听，可是不影响我的兴致，唱不上去，我就朗诵；我的舞姿不优美，可是步履轻盈，动作舒缓。我知道听着、看着，有人欣赏，也只是欣赏，所以我放松，我轻松，我随心所欲。与人相处，如果我感到格外的轻松，在轻松中又感到真实的教益，我敢断定那一定是我的同类。自然的相处，心灵的相通。沉默，就是会意的语言，交流，不须千言万语，心有灵犀，是友情中最美的风景。真正的朋友不只是欣赏，还有关心的监督、善意的批评、及时的提醒。

朋友间疏于联系，我又是个被动的人，大家都忙于自己的事，家事、公事、私事、各类事。那天，我收到一友短信：去吃啥？我立即回复：改天吧！当得知他已经通知了其他人，我也就答应前往。吃饭间，说话、沉默、游戏、喝酒，吃后又唱歌、跳舞，我被愉快的气息丝丝环绕。我觉得人跟人之间最好的情谊是没有利害、功利，有的只是不远不近的心灵的默契。

物近易碰撞，人近易矛盾。朋友，拉近了距离，就有了方方面面的交往，随之产生的利害冲突就会多起来。不远不近，不易矛盾，朋友之间保持一定的交往距离，反而更有利于维持良好的朋友关系。

朋友，不是泛泛之交的熟人，也不必是心心相印的知己，不见面时会互相惦记，见了面能感觉到一种默契，在一起能度过一段愉快的时光，这样的人便是我心目中的朋友。

　　真正的朋友，能互相尊重，亲疏随缘。我相信，一切好的友谊都是自然而然形成的，不是刻意求得的。我还认为，再好的朋友也应该有距离，太热闹的友谊往往是空洞无物的。

　　人与人相处的最佳境界是，不走近，不期许！

先把瓶子刷干净

这是一个人人追求成功的时代。以往我们只看到成功人士的光鲜面,而其中的历练、积累、艰辛却鲜为人知。

1975 年,高中毕业 19 岁的金志国被分配到青岛啤酒厂刷酒瓶。当时的高中文化不低,他倍感委屈,刷的酒瓶常被返工。一次又被质检员指责后,他将酒瓶摔地上说:"我不伺候它了!"眼看冲突就要爆发。这时一位老师傅急忙把他拉过来,拿着瓶子问:"小金,你爹喝啤酒吗?"金志国回答肯定。"那好,你现在就要把瓶子刷好,因为它装的酒可能被你爹喝,你不希望老人家喝那些用不干净的酒瓶装的酒吧?连这样简单工作都做不好,谁相信你能做好别的事?"老师傅边说边认真地刷着酒瓶,给他做榜样。

"目标再远,也要先从刷瓶子开始"。老师傅的话,一直激励着金志国。从此,金志国的态度明显转变,不仅再没返工,还琢磨着怎样刷瓶子既干净又效率高,他不断地成长,直至后来曾经担任青岛啤酒总裁、董事长。

"不积跬步，无以至千里；不积小流，无以成江海"的千年古训，至今仍是至理名言。小酒瓶蕴含奋发的智慧。奋发来自远大的目标，没有目标，就没有方向，就没有动力。当选青啤董事长的那天，金志国向员工讲起了当年的经历："自己的目标，就是从刷瓶子开始的。我做洗瓶工的那段日子，非常快乐，高效创造让一排排啤酒瓶摆放整齐、各就各位的"神话"。继而他幽默地说："我这董事长没有什么特长，就是刷瓶，是认认真真地刷瓶。从今天起，我要把青岛啤酒这个瓶刷得比别人家的酒瓶都干净、都漂亮。当然，这需要大家把自己手里的瓶子也都刷得干净和漂亮。"

　　小酒瓶包含坚强的智慧。大自然中，一粒种子未落沃土而入缝隙，它不屈地穿过岩石绽放绿色，足以辉映整个春天。同样，人处逆境时，坚强尤为可贵。霍金轮椅上的美丽人生，海伦黑暗里寻求光明，司马迁隐忍后重于泰山的鸿篇巨制，苦难中的史铁生不懈地追问……坚强，成就生命的高度。

　　小酒瓶充实激情的智慧。刷酒瓶其实是一项简单的工作。周而复始，往返循环，让不少人产生厌倦心理。而金志国却是用激情刷瓶子。我们常说："心有多大，舞台就有多大。"西方也有这样的谚语："你有自信就年轻，畏惧就年老；有希望就年轻，绝望就年老；岁月刻蚀的不过是你的肌肤，但如果失去了激情，你的灵魂就不再年轻。"凭着这种把简单事情做到极致的精神，金志国提升的不仅是工作质量，还有人生的境界和做人的价值。

细想来，每一个人的工作和生活，都是一个要刷的酒瓶，我们只要全心全意地把它刷得干净漂亮，这样装的酒才会香醇可口。

朋友被百步蛇咬到，竟然活命，成为医学史上的奇迹。他被咬到的过程，比医学更奇。出家的前一天，他在回台东山上寮房的路上看见一条百步蛇。他怕有人会被咬到，便挥手赶百步蛇。蛇游了三步，盘起如故。朋友心想："这样，还是可能咬到别人。"他挥手再赶。百步蛇又游了三步，盘起如故。朋友又想："你还是可能咬到别人。"他再度驱赶。百步蛇一动也不动。朋友忽闻山下出家人的谈话声。他心想："等一下，出家人从这里经过，就大事不好了。不如我把这条蛇捉了，带到山沟放生吧！"

朋友并未抓过蛇，但在书本和电视看了许多捉蛇的报道，心想："捉蛇不会太难吧！只要捉住它的七寸，就没问题了。"他绕到百步蛇的前面，空手去按蛇的七寸。说时迟，那时快，食指立刻被蛇咬中，很快就陷入昏迷。一个多小时后，送台东马偕医院，无血清，转送花莲慈济医院。慈济医院为他注射百步蛇、龟壳花、青竹丝三合一血清，无效，十二个小时后，医生宣布不治。用飞机急送台中荣总，再打百步蛇血清，终于救活，完成了出家的心愿，法名"心了"。我问心了法师说："当时，你从未捉过蛇，为什么敢空手捉蛇，不会想到找一根棍子把它赶走呢？"心了法师说："当时的整个念头就像一个漩涡，只想到：我要把百步蛇抓走，以免它咬到别人。念头转来转去，只想到这个，就没想到找一根棍子，这应该是业障吧！"

我为之惊叹！

确实，我们的人生里，曾遭遇过许多"念之漩涡"，当那以业为动力的漩涡形成之后，我们的思维与反应都会被漩涡所吸附，处在迷蒙之状，无能为力。

但只要我们保持醒觉，在关键时刻，就会看见那个念之漩涡，跳脱出来，那必然之业也为之止息了。

更进一步，只要时时保持善念，形成漩涡，也会变成磁场，把一切好的思想、好的因缘、好的事物，漩入我们的心。

选择了弯路

　　喜欢绘画，是在他读中学的时候，由于他不羁的性格，从第一次拿起画笔，他的眼睛里便没有一位崇拜的老师，他对那些绘画教材上的理论和方法，从来不屑一顾，也不在意别人的评价，只管随意画下去，完全由着性子，自由地挥洒。

　　他报考过好多所艺术院校，但他特立独行的画作，始终未能引起阅卷老师的关注。失败，一个接一个，爆豆似的，劈头盖脸地打在他青春飞扬的脸上。

　　有老师善意地劝他，不妨去参加一个辅导班，先摸一摸艺考的正路，免得走了弯路。

　　他自然是不肯听的，依旧按着自己的心思，画自己心目中的"杰作"，连续三年参加艺术院校的美术科考试，他都铩羽而归。一颗倔强的心，也曾被失败磨砺得在某一刻柔软过，曾呆呆地望着那些画作，怀疑自己是否真的误入了歧途。然而，他最终还是不肯低头，仍在自己认准的道路上磕磕绊绊，直到昔日的同窗大多已从艺术院校毕业，有的成了小有名气的画家，有的成立了创作室，有的做了艺术院校的老师，他的作品依然无人问津。

偶尔，他听到有人私下里嘲笑他是"给梵高磨颜料"的，早已对考学无望的他，也只是淡淡的一笑，什么都不说。

父母对他的偏执，很是头疼，但软硬兼施的结果，是他初衷不改，只得无奈地看着他"走火入魔"，彻底放手，不再管他。

好在那位当煤矿老板的舅舅，很喜欢他，给他大把的钱，任他背着画夹，天南海北地游荡，尽管他的画作，没有丝毫艺术细胞的舅舅也根本看不懂，但就是宠着他，近乎溺爱地随他在自己臆想的世界里天马行空。

那年六月，烟雨迷蒙的周庄，临河的阁楼上，饮罢一碗米酒，望一眼窗外形形色色的游客，他陡然生出作画的冲动，便拿起画笔，在餐桌上飞快地勾勒起来。

"好画！"不知何时，一位有些仙风道骨的老者站在了他身后。

"真的？"第一次听到有人赞叹，他竟有些羞涩，尽管他骨子里一直坚信自己虽然画得不是很好，却也绝非一无是处。

"有境界，有个性，只是力度大了一些，露出了明显的生硬，许是年龄的缘故，但假以时日，自会大有改观。"老者微笑着拈须点拨道。

"多谢大师指点！"已敛了许多傲气的他，听老者的评语还是很顺耳的。

"若想画得好，须苦心品悟。"老者扔下这句话，便翩然而去。

再漫步在周庄弯弯曲曲的河道、桥梁和小巷间，他一遍遍咀嚼着老者赠他的寥寥数语，幽闭的心扉，陡然射入了一丝光亮。

两年后的一天，他在街头作画时，被香港一位著名的书画收藏家看到。那位收藏家竟然让他开价，说要收藏他近两年创作的所有作品。

他起初以为收藏家是在开玩笑，便随口说了一个相当大的数字，没有想到收藏家居然一口就答应了。

他惊讶地问收藏家："我可是一个不知名的画家啊，出这样的高价，难道您不怕投资失败？"

收藏家一脸自信道："年轻人，我不会看走眼的，你的画作一定会让我赚钱的。"

果然，又过了十年，他终于声名鹊起，作品畅销海内外，一幅画作动辄数百万元。而他，此时刚过不惑之年。

如今已经客居意大利的他，在一次接受罗马电视台的专访时，谈及自己的成功经验，他给出了平淡而耐人寻味的六个字——弯路也能走远。

当年那些在绘画路上顺风顺水的同窗，虽然也各有收获，但都没有他的成就显著。或许真的像那个大家耳熟能详的成语说的那样——曲径通幽，通往艺术深邃境地的道路，更喜欢弯弯曲曲，而不是笔直顺畅。

　　而他，也由衷地庆幸，自己没有轻易地转身，才赢得了今日的柳暗花明。

拥有一颗知足的心

很多人认为，她可以有更好的生活，父亲是优秀的飞机与游艇的设计师兼制造者，母亲是肖像画家，出入家里的客人，是爱默生、马克·吐温、爱因斯坦等当时极具代表性的人物。而在她看来，最好的生活，是在乡下的农庄里。

她就像是被 20 世纪的灵魂附体的遗少，在学校里穿复古的衣服，不剪头发，缝玩偶的衣服，执拗地对抗嘲笑。她的志向堪称远大：开农场，养奶牛。为此，15 岁就辍学的她，对务农的兴趣也与日俱增。她坚定地认为，带着自信朝着梦想前进，只要努力实现自己想要的人生，总有一天会得到意想不到的成功。

婚后，她说服丈夫搬到了雷丁农场，那是个缺水少电的老式农场，一切全靠人力。他们养了数量众多的牛、鹅、鸭和鸡。此时，她展露出卓越的绘画才能，出版了第一本儿童绘本《南瓜月光》。没有水电，每日要步行很远到井边挑水，日子过得相当艰辛，但她很享受这种生活，在花园里种满了各种蔬菜和花草。她以古法制作面包，用被炉火加热过的熨斗熨衣服，家人穿的衣服也是她用自家种的亚麻纺线织布，再亲手裁剪缝制的。在她的悉心经营下，日子过得饶有趣味。她还是一个非常勤恳负责的母亲，即使再忙也会腾出时间和孩子们一起玩耍，教他们应有的礼节，学习各种农活、家事。她亲手做了许多栩栩如生的玩偶，并自创了一个"麻雀邮局"，让孩子们通过这个邮局与玩偶通信。孩子读小学时，他们还一起创办了一个木偶剧团，到附近城镇巡回表演。

她还想到更遥远更偏僻的农村去，丈夫却忍受不了简朴艰难的农耕生活，1961 年，在携手度过了 23 年后，他们离婚了。对她而言，自力更生的田园生活是她很早以前就已选定的生活方式，繁重的农活、琐碎的家务并不意味着负担，而是个人人生价值的体现与兴趣所在。粗陋的环境让她变得越来越强壮，同时，为了抚养 4 个孩子，她更加努力地工作，10 年画了 20 本书，1971 年出版的绘本《柯基村集市》让她获得了"女王终身成就奖"。她就像她所欣赏的 19 世纪初的乡村人一样，为了想要的生活而努力工作，从不怨天尤人。

1971 年，56 岁的她终于迁居到了魂牵梦萦的佛蒙特荒野。在这里，她真正由零开始，花了 30 年建造了属于自己的 19 世纪风格的农庄。

她，就是塔莎·杜朵。

"只有年少时拥有年轻，是件可怕的事。"随着年龄增长，塔莎更懂得用童心享受事物的乐趣：她建造了花园，蔷薇、郁金香、山茶花……7月，池塘里遍布盛开的睡莲，摘下一两朵放进脸盆；院子里随处可见累累的果实，访客到来，去采摘洋李、莓果还有装满围裙的豆子；亲手缝制的拼布衬裙陪伴她度过寒冬，触摸手织布的纹理，无论哪一条线都能让人感受到织布时指尖的温暖；她能烹饪出最美味的食品，于旁人费时费力的柴炉，成了她深谙诀窍的不二法宝；雪地里，她最爱鸟儿的足迹，这对她而言如同精致的蕾丝花纹；挤完羊奶，回到屋里抱着爱犬，感受它身上的暖意……

　　"用知足的心来生活"，是塔莎用细微生活传递的意境。她老了，却依然有撼动人心的美丽容颜，这来源于内心的丰饶。孩子们曾问她，你的一生肯定很辛苦吧？她回答，完全不是那么回事，"我一直都以度假的心情度过每天、每分、每秒"。

　　塔莎始终把握自己的步调，由个体极致推展的美好生活，延伸出我们渴求简单的避世蓝图。原来，时光可以优雅地老去，一切都可以这样美好。